魏武注孫子

曹操
渡邉義浩 訳

講談社学術文庫

はしがき

本書は、中国春秋《しゅんじゅう》時代の斉《せい》の人で、呉《ご》に仕えたという孫武《そんぶ》が著したとされる『孫子《そんし》』に、後漢《ごかん》末を生きた「三国志」の英雄曹操《そうそう》（魏の武帝）が付けた注＝魏武注《ぎぶちゅう》により本文を解釈し、曹操の注と共に現代日本語に翻訳したものである。

曹操は、『孫子』の複数のテキストを校勘《こうかん》しながら『孫子』の定本を作成した。それ以降、『孫子』を読むものは多く、曹操の定めた本文により、『孫子』を読んできた。曹操が文章を抽象化して含意を深め、応用の効《き》くように改め、『孫子』の思想性を高めたことが、その主因である。本書が、歴代のさまざまな注釈を検討して『孫子』の正しい解釈を求めるのではなく、あくまで魏武注に基づき、曹操の解釈に依拠して『孫子』を読む理由である。

曹操は、注を付ける際に、『孫子』の軍事思想の特徴を深めるために、『孫子』と同様に、黄老《こうろう》思想に基づく注を付け、訓詁《くんこ》により『孫子』本文に寄り添った。ただし、自らの軍事経験に基づき、『孫子』本文の主張と異なった注を付けることもあった。たとえば、徐州《じょしゅう》に関わる二つの戦役については、自らの軍事思想を具体的に説明することを試みている。しかし、それは二ヵ所に止まり、抽象的に兵法の理論を述べる『孫子』本文に相応しい注を曹操は中心として付けた。したがって、曹操の軍事思想を理解しなければ、『孫子』の神髄を理解することは難しい。

そのためには、曹操が生きた「三国志」の時代において、曹操が、そして諸葛亮《しょかつりょう》など当時の人々が『孫子』をどのように理解していたのかを知らなければなるまい。そのため本書では、「三国志」の戦いを『孫子』の実践事例として例示した。「三国志」の世界の戦いが、どのように『孫子』に基づいていたのかを知ることは、曹操の『孫子』理解の深さを知るためには有効となろう、そして、「三国志の世界」の戦いそのものも『孫子』によって、より深く理解することが可能となる。本書を通じて、『孫子』と「三国志」の理解を深めていただければ幸いである。

二〇二三年一月

渡邉義浩

目次

凡例

一、本書は、『魏武註孫子《ぎぶちゅうそんし》』の訳注である。このため、魏武（魏の武王と追尊された曹操《そうそう》）の解釈に基づいて、本文を訳出した。『十一家註孫子《じゅういっかちゅうそんし》』などに収録される曹操以外の解釈は、『全譯魏武註孫子』（汲古書院、二〇二三年刊行予定）を参照されたい。なお、「註」は「注」の字を用いる。

二、魏武注は、本来割り注の形で原文に加えられているが、本書では、［　］で囲んだ漢数字を附して本来の注記の位置を明らかにし、注自体は本文の後に掲げた。また、必要に応じて別途補注を付した。

三、現代語訳・読み下し文・原文とも可能な限り常用漢字を用いた。また、現代語訳では、魏武注などにより意味を補足した部分は（　）で囲んで区別した。

四、解説については、『魏武注孫子』の訳注であることに鑑み、「三国志」の戦いに『孫子』が生かされている場合には、戦いの姿と『孫子』の使い方を具体的に示した。

五、末尾に附した原文は、京都大学附属図書館が所蔵する『孫子』古写本（魏武帝注孫子）を底本にして、孫星衍《そんせいえん》の覆刻本の流れを汲む平津館《へいしんかん》本『魏武帝注孫子』、肥前蓮池藩《ひぜんはすのいけはん》の岡《おか》白駒《はっく》（一六九二～一七六七年）の校訂による『魏武帝注孫子』のほか、「銀雀山漢簡《ぎんじゃくざんかんかん》」に含まれる『孫子』十三篇や『十一家注孫子』などで校勘を加えた。繁雑な校勘過程については、『全譯魏武註孫子』に譲ることにした。

魏武注孫子

始計篇　第一

『魏武注孫子』は、篇を段落に分けることはないが、本書では、内容により便宜的に、段落に分けて読んでいく。『孫子』は、春秋時代《しゅんじゅう》の孫武《そんぶ》の主張をその中核とするが、一篇が「孫氏の道」を奉ずる学派が、共有テキストとして手を入れながら伝えたもので、一篇が強固な論理性を持って結合されてはいないからである。また、伝写の中で、錯簡や誤脱が生じている篇もある。始計篇は、比較的まとまりがよく、七つの段落に分けた。その内容の概略を篇の始めに示しておこう（数字は段落番号）。

孫子は、１「兵は国の大事」、すなわち国家存亡の分かれ道であるから、戦争の可否を合理的に判断しなければならない、と説くことから始める。そのためには、彼我《ひが》の戦力を比較するが、その基準が２「五事《ごじ》」である。そして、君主は将の五事への理解を判断するため、３「七計《しちけい》」という基準を用いる。４これら「五事・七計」という基準により、君主は将を任免する。５こうして計に利があり、将がそれを聞いて遂行できれば、そこに「勢《せい》」を加えて、勝利を導く。ここまでがまとまった主張となっている。

６では、新たに「兵は詭道《きどう》」である、すなわち騙《だま》しあいであると主張する。人として正しいことは、戦争の勝利には繋《つな》がらない、と言うのである。戦争の善悪を論ぜず、戦争を所与のものとして、必ず勝つべきことを主張する『孫子』を特徴づける戦争観である。敵を騙すことで、備えのない不意を攻めて勝利をする。そのために、兵家の勝利は、どのように勝つかを予め伝えることはできないという。

そして結論部では、7「廟算《びょうさん》」して勝ちを定めることの重要性を繰り返し、始計篇は終わる。戦争の勝敗は、偶然でも天祐でもなく、合理的に計算できることを説く篇である。

1　兵は国の大事

始計篇第一[一]

孫子はいう、戦争というものは、国家の大事である。（民の）生死がきまり、（国家）存亡のわかれ道であるから、よく洞察しなければならない。そのため戦争（の可否）を五事で計《はか》り、七計で比《くら》べて、その実情を探る[二]。

[一] 計というものは、将を選び、敵（の実情）を量り、地（の有利不利）を度《はか》り、兵卒（の士気・練度）を料《はか》ることをいう。宗廟《そうびょう》（祖先のみたまや）の堂で計るものである。

[二] これから掲げる五事と七計により、相手と自分の実情を探ることをいう。

【読み下し】

始計第一[一]

孫子曰《いは》く、兵なる者《もの》は、国の大事なり。死生の地、存亡の道なれば、察《さっ》せざる可《べ》からざるなり。故《ゆゑ》に之《これ》を経《はか》るに五事を以《もっ》てし、之を校《くら》ぶるに七計を以てして、其《そ》の情を索《もと》む[二]。
[一] 計なる者は、将を選び、敵を量り、地を度《はか》り、卒を料《はか》る。廟堂《べうだう》に計るなり。
[二] 下の五事・七計もて、彼我《ひが》の情を求むるを謂《い》ふなり。

【補注】
○「始計」『十一家注孫子』系の本や一九七二年に銀雀山から出土した漢代の竹簡に含まれる『孫子』十三篇（以下、銀雀山《ぎんじゃくざん》本と略称）では「計篇」となっている。○魏武注も「計なる者」と注をつけており、本来の篇名が「計篇」であった可能性は高い。○「兵」ここでは戦いという意味。

【解説】

『孫子』を理解するために、最初に『孫子』の原則と特徴を掲げておこう。

『孫子』の原則の第一は、具体的な戦闘を行わず、戦わないで勝つことを戦争の理想とすること、第二は、戦争の基本的性格を「詭道《きどう》」と捉えること、第三は、戦争を呪術から解放したことにある。これらの原則により、『孫子』は、勝敗を廟算（宗廟で計算すること）により予測できるような合理性、戦争が一日に千金《せんきん》を費《ついや》し国を経済的に滅亡させることを説く実践性、虚実《きょじつ》や気《き》と言った思想を用いて戦争を解明する先進性、戦いに出た将軍が君主の命令であっても受けないなど現代にも通じる組織論を持つという普遍性を有する。

ここでは、戦争が国家の存亡を左右する最も重要なものであることを確認したうえで、戦争の勝敗は、「五事」・「七計」を宗廟で計算することで予測できるとする。『孫子』の特徴である合理的思考が、冒頭から示されている。

2　五事

（五事とは）第一に道[三]、第二に天、第三に地、第四に将、第五に法である。（第一の）道というものは、民たちを（君主が教令で導《みちび》き）上と心を同じくし、上と共に死ぬべきように、上と共に生きるべきように、恐れず危《あや》ぶまなく（疑わなく）させることである[四]。（第二の）天というものは、陰陽《いんよう》・気温・四時《しいじ》のことである[五]。（第三の）地というものは、（散《さん》地《ち》か軽地《けいち》かなど距離の）遠近・（争地《そうち》のように）険阻《けんそ》かなだらかか・（交地《こうち》のように）広いか狭いか・死地《しち》か生地かということである[六]。（第四の）将というものは、智・信・仁・勇・厳という（将軍の五徳）のことである[七]。（第五の）法というものは、（軍の編成と軍旗や鐘と太鼓の制である）曲制《きょくせい》・（百官の分である）官《かん》・（糧道である）道《どう》・（軍の費用を掌る）主《しゅ》用《よう》のことである[八]。およそこれら五事は、将軍であれば聞いたことのない者はいない。（しかし）これを理解する者は勝ち、理解しない者は勝てないのである。

[三]（道とは君主が）民たちを教令で導くことをいう。

［四］危とは、危ぶみ疑うことである。

［五］天に順《したが》って誅《ちゅう》を行うには、陰陽と四時の制に依拠する。このため『司馬法《しばほう》』は、「冬と夏に、（陰の象《しょう》である）軍を興さないのは、わが民を等しく愛するためである」と言っている。

［六］九種の地の形勢《けいせい》は同じではないことから、時制《じせい》の利によるべきことを言っている。（地の形勢の）論は九地篇（第十一）の中にある。

［七］将は（智・信・仁・勇・厳の）五徳を備えるべきである。

［八］曲制というものは、軍の部隊・旗印・鐘《かね》と太鼓《たいこ》の制である。官というものは、百官の分《ぶん》である。道というものは、糧道《りょうどう》である。主用というものは、軍の費用を掌ることである。

【読み下し】

一に曰《いは》く道[三]、二に曰く天、三に曰く地、四に曰く将、五に曰く法なり。道なる者《もの》は、民をして上《かみ》と意を同じくし、之《これ》と与《とも》に死す可《べ》く、之と与に生《い》く可くして、畏危《いき》せざらしむるなり[四]。天なる者は、陰陽・寒暑・時制なり[五]。地なる者は、遠近・険易《けんい》・広狭《くわうけふ》・死生なり[六]。将なる者は、智・信・仁・勇・厳なり[七]。法なる者は、曲制・官・道・主用なり[八]。

凡《およ》そ此《こ》の五者は、将 聞かざること莫《な》し。之を知る者は勝ち、知らざる者は勝たず。

［三］之を導くに教令を以てするを謂《い》ふ。

［四］危者《とは》、危疑なり。

［五］天に順《したが》ひ誅を行ふは、陰陽・四時の制に因る。故に司馬法に曰く、「冬・夏、師を興《おこ》さざるは、吾の民を兼愛する所以《ゆゑん》なり」と。

［六］九地の形勢 同じからざるを以て、時制に因《よ》りて利するを言ふなり。論は九地篇の中に在り。

［七］将は宜《よろ》しく五徳を備ふべきなり。

［八］曲制なる者《もの》は、部曲・旗幟《きし》・金鼓《きんこ》の制なり。官なる者は、百官の分なり。道なる者は、糧《かて》の路なり。主用なる者は、軍の費用を主《つかさど》るなり。

【補注】

○司馬法　「武経七書《ぶけいしちしょ》」の一つ。武経七書は、中国の代表的な七つの兵法書の総称で、『孫《そん》子《し》』『呉子《ごし》』『尉繚子《うつりょうし》』『六韜《りくとう》』『三略《さんりゃく》』『司馬法《しばほう》』『李衛公問対《りえいこうもんたい》』を指す。『司馬法』は、春秋時代の斉《せい》の景公《けいこう》に仕えた司馬穰苴《しばじょうしょ》の著作を中心とするという兵法書である。戦国時代の斉の威王《いおう》が、斉に伝わる兵法を駆使するなかで、臣下に命じて斉の兵法を研究させ、それに司馬穰苴の兵法を加えてまとめたものとされている。○分　ここでは、それぞれの官位に応じた権力の行使のこと。

【解説】

戦争においては、彼我《ひが》の戦力を入念に事前分析することが最も重要となる。その方法が、「五事」である。五事のうち「道」について、魏武注［三］は、「道《どう》」を「導《どう》」と解釈する。漢代の訓詁学では、同じ音の違う漢字を当てて解釈することは多い。しかし、『孫子』の本文は、民たちが上と心を同じくする、と続くので、たとえば、唐《とう》の杜《と》牧《ぼく》の注が、『荀子《じゅんし》』の議兵篇《ぎへいへん》を典拠に「道」とは「仁義」である、と解釈することが普通であろう。それでも曹操が、君主が民たちを教令で導く、と解釈するのは、曹操が生きた時代の反映と考えてよい。曹操が生きた後漢《ごかん》末は、後漢「儒教国家」の「寛《かん》」治《ち》（ゆるやかな統治）が行き詰まり、曹操は「猛《もう》」政《せい》（法刑を重視する統治）への傾斜を見せていた。そうした曹操の実際の政治的立場が、「道」を「教令で導く」とする解釈に、影響を与えているのである。

　魏武注［五］は、冬や夏に戦争を起こさず、民を愛するべきであるという『司馬法』の文章を引用して、「天」を冬や夏には戦争を行わないことと解釈する。これについて、唐の杜牧は、曹操が赤壁《せきへき》の戦いの際に、呉を冬に攻めることを非難する周瑜《しゅうゆ》の文を注に収める。曹操ほどの名将でも、五事に反した戦いを起こして赤壁で敗れている。戦いの難しさと、可能な限り戦うべきではないとする『孫子』の正しさを理解できよう。

3　七計

そして（君主は）将（の五事への理解）を比較するために（七）計により、将の（勝ち負けの）実情を探る[九]。「（それぞれの国の）君主はどちらが道徳があるか。将はどちらが智能《ちのう》があるか[一〇]。天の時と地の利はどちらが得ているか[一一]。法令はどちらが行われているか[一二]。兵はどちらが強いか。士卒はどちらが訓練されているか。賞罰はどちらが明らかであるか」と。わたしはこれらの評価により勝ち負けを知る[一三]。

[九] 同じように五事を聞いていても、将として五事の変化の極致《きょくち》を理解するものが、勝つのである。その実情を探るとは、勝ち負けの実情である。

[一〇]（道は君主の）道徳、（能は将の）智能のことである。

[一一]（天地とは）天の時、地の利のことである。

[一二]（法令を）設《もう》けて犯すことなく、犯すものは必ず誅《ちゅう》する。

[一三] 七つの事（七計）により将を評価して、勝ち負けを知るのである。

【読み下し】

故《ゆゑ》に之《これ》を校《くら》ぶるに計を以《もっ》てして、其《そ》の情を索《もと》む[九]。曰《いは》く、「主 孰《いづ》れか道有る。将 孰れか能有る[一〇]。天地 孰れか得たる[一一]。法令 孰れか行はる[一二]。兵衆 孰れか強き。士卒 孰れか練《ね》れる。賞罰 孰れか明らかなる」と。吾 此《これ》を以て勝負を知る[一三]。

[九] 同《とも》に五者を聞くも、将にして其の変極を知るものは、則ち勝つなり。其の情を索む者《とは》、勝負の情なり。

[一〇] 道徳、智能なり。

［二］天の時、地の利なり。

［三］設《まう》けて犯《をか》さず、犯さば必ず誅す。

［三］七事を以て之を計《はか》りて、勝負を知る。


【解説】

「五事」において、戦力を判断する五つの基準を掲げたのち、『孫子』は「七事」、将軍の五事への理解を比較するための七つの項目を掲げる。『孫子』は、①主・②将・③天地・④法令・⑤兵衆・⑥士卒・⑦賞罰の七つを七計とする。五事は、道（君主の法令あるいは仁義）・天・地・将・法であったから、七計のうち初めから四項目①〜④は、五事と同じである。両者の関係は、五事は将が理解すべきものであり、七計は君主が将の五事への理解を比較するためのものとなっている。

『孫子』は、君主が将に対して、五事よりも広範な七計により、具体的には⑤兵衆・⑥士卒・⑦賞罰までをも比較することで、戦争の勝敗は明らかになると言うのである。

4　将の任免

将がわたしの計を聞き、（君主がその）将を用いれば必ず勝ち、（君主はその）将を留まらせる。将がわたしの計を聞かず、（君主がその）将を用いれば必ず負け、（君主はその）将を辞《や》めさせる[一四]。
[一四] 計を定められなければ、これを退去させる。

【読み下し】
将 吾《わ》が計を聴《き》き、之《これ》を用ふれば必ず勝ち、之を留《とどま》らしむ。将 吾が計を聴かず、之を用ふれば必ず敗れ、之を去らしむ[一四]。
[一四] 計を定むる能《あた》はざれば、則《すなは》ち之を退去せしむ。

【補注】
○将 唐の陳皥《ちんこう》は、『史記』巻六十五 孫子列伝に、「闔廬《こうりょ》曰く、子の十三篇、吾 尽《ことごと》く之を観る」とあり、闔廬がほとんどの戦いにおいて自ら「将」となっていることから、「将」の字は「主」であるべきと主張するが、文字は改めない。それでも、訳文において君主という主語を（ ）で補ったように、陳皥のように考えた方が、さらに明確に訳すことはできる。

【解説】

始計篇の最初が「孫子曰く」から始まるので、ここの「吾」は、孫子（孫武）となる。「将」が、孫武が仕えた闔閭《こうりょ》（闔廬）であるという陳皥説は、二つ目の「将」の解釈が難しくなる。そのため一つ目の「将」を「主」と改めよ、と主張するのである。先秦の文献は、伝写の間に文字が変わり、あるいは段落単位の文章の移動も予想され、たいへん読みにくい。『孫子』は、漢代の本である「銀雀山本」が出土したが、それでも読みにくい箇所はとても多い。本書は、なるべく文字を改めず、文章の場所を移さずに、そのまま解釈することに努めた。

5　計と勢

計に利があり（将が）これを聞けば、そこに勢《せい》を加えて、それにより外からの助けとする[一五]。勢というものは、（敵の状況を）利により（判断して）権謀《けんぼう》を制定することである[一六]。

［一五］（勢は）通常の方法の外である。

［一六］（権を）制定するには（敵の）観察による。権謀は（敵の）状況によって制定する。

【読み下し】

計 利ありて以《もっ》て聴《き》かば、乃《すなは》ち之《これ》が勢を為《な》して、以て其《そ》の外より佐《たす》く[一五]。勢なる者は、利に因《よ》りて権を制するなり[一六]。

［一五］常法の外なり。

［一六］制は観に由《よ》るなり。権は事に因《よ》りて制するなり。

【解説】

「勢」は、春秋・戦国時代に深く思索された概念の一つであり、『孫子』は、兵勢篇第五でこれを深く論ずる。ここでは、計によって有利であることが分かったのちに、勝利の可能性を広げるために加えるものが「勢」である、との主張をとりあえず把握しておけばよい。

6　兵は詭道

戦争というものは、詭道《きどう》（常なる形は無く、偽《いつわ》り欺《あざむ》くことを原則とするもの）である[一七]。それゆえ能力があっても敵にはないように見せかけ、（武を）用いることができても敵にはできないように見せかけ、近くにいても敵には遠くにいるように見せかけ、遠くにいても敵には近くにいるように見せかける[一八]。利《り》により敵を誘い、乱して敵より奪い取り、（敵が）充実していればそれに備え[一九]、（敵が）強ければそれを避け[二〇]、（敵が）怒濤《どとう》の勢いならばそれを攪乱《かくらん》し（衰《おとろ》え怠《おこた》ることを待ち）[二一]、（自らの）卑弱《ひじゃく》により敵を驕《おご》らせ、（自らが）楽をして（利により）敵の労《ろう》を待ち[二二]、（敵が）親しみあっていれば（間諜《かんちょう》により）それを分断する[二三]。（こうして）敵の備えの無い（衰え怠《おこた》っている）ところを攻め、敵の（空虚の）不意をつく[二四]。このため兵家の勝利は、（敵情に応ずるので）あらかじめ伝えることができない[二五]。

[一七]（戦争は）常なる形は無く、偽り欺くことを原則とする。

〔一八〕（遠くから）進んで近づくための道を制圧しようとするのである。（漢の将軍である）韓信《かんしん》が安邑《あんゆう》を襲ったとき、（囮《おとり》となる）船を並べて晉《しん》に臨み（その間に）夏陽《かよう》より（伏兵を）渡らせたようなものである。
〔一九〕敵の統治が充実していれば、これに備えるべきである。
〔二〇〕その長所を避けるのである。
〔二一〕その衰え怠ることを待つのである。
〔二二〕利により敵を労するのである。
〔二三〕間諜により敵を分断する。
〔二四〕敵の衰え怠っているところを攻撃し、敵の空虚なところをつくのである。
〔二五〕伝は、洩《も》らすというような意味である。戦争には常なる勢《せい》が無いことは、水に常なる形が無いようなものである。敵に臨んで変化するので、先に伝えることはできないのである。このため敵を謀《はか》るのは心にあり、機を察《さっ》するのは目にある。

【読み下し】

兵なる者《もの》は、詭道なり〔一七〕。故《ゆゑ》に能《のう》にして之《これ》に不能《ふのう》を示し、用にして之に不用を示し、近くして之に遠きを示し、遠くして之に近きを示す〔一八〕。利《り》して之を誘ひ、乱《みだ》して之を取り、実《み》つれば而《すなは》ち之に備へ〔一九〕、強ければ而ち之を避け〔二〇〕、怒なれば而ち之を撓《みだ》し〔二一〕、卑《ひ》にして之を驕《おご》らしめ、佚《いつ》して之を労《らう》し〔二二〕、親しめば而ち之を離《わ》かつ〔二三〕。其の備《そなへ》無きを攻め、其の不意に出《い》づ[二四]。此《こ》れ兵家の勝《かち》は、先に伝ふ可《べ》からざるなり[二五]。

[一七] 常形無く、詭詐《きさ》を以《もっ》て道と為す。

[一八] 進みて其の道を治めんと欲す。韓信の安邑を襲ふや、舟を陳《なら》べ晉に臨み夏陽より渡るが若《ごと》きなり。

[一九] 敵の治 実つれば、須《すべか》らく之に備ふべし。

[二〇] 其の長ずる所を避くるなり。

[二一] 其の衰懈《すいかい》を待つなり。

[二二] 利を以て之を労す。

[二三] 間《かん》を以て之を離《わ》かつ。

[二四] 其の懈怠《かいたい》を撃ち、其の空虚に出づ。

[二五] 伝は、猶《な》ほ洩のごときなり。兵に常勢無きは、水に常形無きがごとし。敵に臨みて変化すれば、先に伝ふ可からざるなり。故に敵を料《はか》るは心に在り、機を察するは目に在るなり。

【補注】

○韓信　淮陰《わいいん》の人。項羽《こうう》が淮河《わいが》をわたる際に従ったが、用いられなかった。そこで楚《そ》より逃れて漢に帰した。のち張良《ちょうりょう》・蕭何《しょうか》とともに「漢の三傑」と称された（『史記』巻九十二淮陰侯列伝）。○安邑　現在の山西省夏県の西北。戦国時代の魏の首都が置かれていた。後漢末に献帝が、一時みやこを置いた。○船を陳べ…　漢を裏切って楚に与《くみ》した魏《ぎ》（三晋の一つ）を討伐した際、河の対岸に囮《おとり》となる舟を並べ、上流から伏兵をわたらせて安邑を攻撃し、魏王の魏豹《ぎひょう》を捕虜とし、魏を滅ぼした。

【解説】

『孫子』は、戦争の基本的性格を「詭道」、すなわち騙《だま》しあいである、と断言する。これが戦わないで勝つことを理想とすることと並ぶ、『孫子』の軍事思想の原則である。ただし、詭道とは、単に相手を騙すことではない。曹操は注［一七］で、「詭道」を説明して、戦争には常なる形は無く、偽り欺くことを原則とする、と述べている。実際とは違うような軍の形をみせて、相手に自軍の実態を探らせないようにする。それを詭道と曹操は理解する。また、曹操は注［三五］で、兵に常なる勢が無いことは、水に常形が無いことと同じである、とも注を付けている。『老子』の哲学を背景としながら、水に形が無いように、軍もいつも同じ形勢を持たないようにして、相手に自軍の形勢を探らせないようにすることも詭道と考えているのである。

こうした曹操の『孫子』理解を実戦の事例から確認してみよう。それぞれの戦いが、どのような時期に行われたのかについては、巻末に曹操の生涯と簡単な年表を附したので、適宜参照されたい。

【実戦事例一　白馬の戦い①】

「近くして之に遠きを示す」

初平元《しょへい》（一九〇）年に反董卓を旗印に挙兵して以来約十年、曹操はようやく河南の兗州《えんしゅう》・豫州《よしゅう》を基盤に、献帝を擁立して天下に号令する立場を築き上げた。一方、袁紹《えんしょう》もまた、河北の冀州《きしゅう》・幽州《ゆうしゅう》・幷《へい》州《しゅう》・青州《せいしゅう》を支配し、曹操を上回る勢力範囲を保有していた。しかも、許《きょ》を拠点に曹操の支配する河南が黄巾《こうきん》の乱の中心地となり、戦乱と飢えで苦しんだことに対して、袁紹の支配する河北はさほど戦禍も被らず、その拠点の鄴《ぎょう》がある冀州は、一州だけで「民戸百万家、精兵三十万」を有すると称されていた。

袁紹が本拠の鄴を精兵十数万を率いて出発したという知らせを受けた曹操は、建安《けんあん》四（一九九）年八月、黄河の北の黎陽《れいよう》に軍を進めて先制攻撃をしかけた。また、臧覇《ぞうは》たちを青州に派遣して東方を牽制し、于禁《うきん》を渡河させ黄河を守備させる。さらに、一軍を割いて官渡の守備に当たらせ、袁紹に備えた。十一月、張繡《ちょうしゅう》が降服して後顧の憂いが断たれる

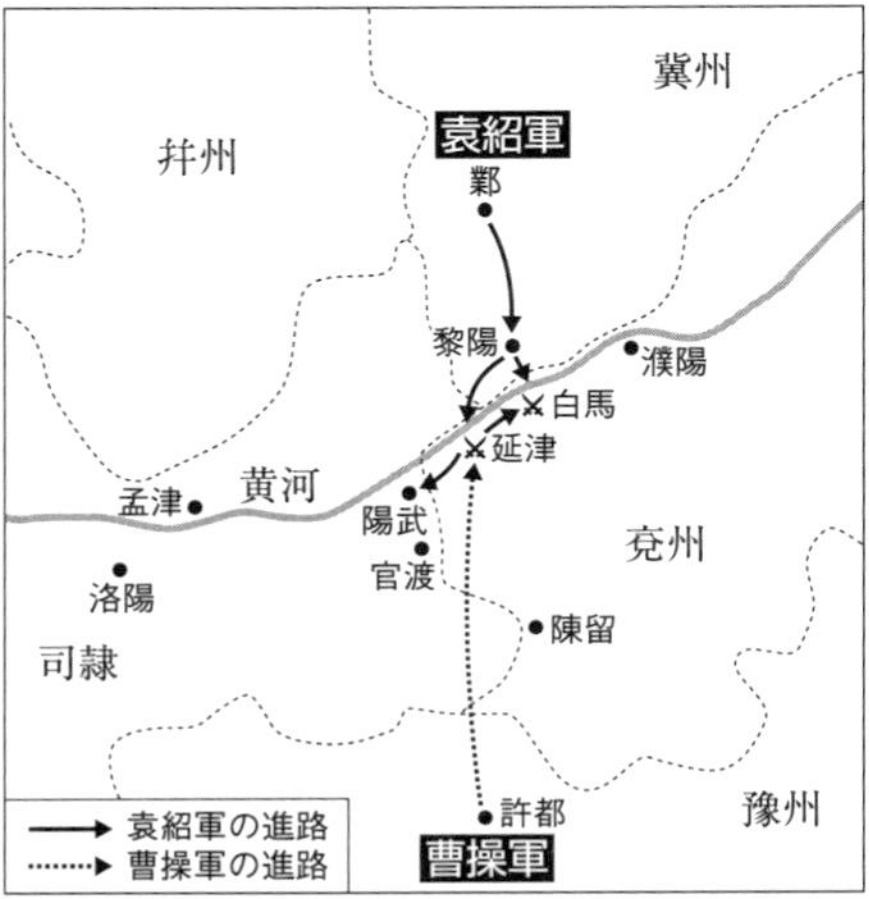

と、十二月、曹操は自ら官渡《かんと》に軍を進め、決戦に向かう。
建安五（二〇〇）年二月、袁紹の大軍が進撃を開始する。黎陽に進軍した袁紹は、顔良《がんりょう》に白馬《はくば》を守る曹操側の劉延《りゅうえん》の攻撃を命じた。四月、白馬が包囲されると、曹操は自ら救援に赴く。荀攸《じゅんゆう》は、ひとまず延津《えんしん》に兵を進め、黄河を渡り敵の背後を衝《つ》くと見せかけ、白馬に軽騎で急行して、油断している顔良を討つことを進言、曹操はこれを採用した。袁紹は果たして軍を二分し、主力を西に向けて曹操軍の渡河に備える。そこを曹操は、一気に白馬に向かい、顔良を関羽《かんう》（劉備の臣下だが、一時的に曹操に従っていた）と張　遼《ちょうりょう》に攻撃させた。関羽は顔良を斬り、曹操はこうして白馬の包囲を解いた。
白馬の戦いにおいて、曹操は、延津から黄河を渡ると見せかけた。白馬の顔良から見れば、曹操軍は「遠」くにいるように見える。しかし、実際には軽騎兵で白馬に向かっているので「近」づいていたのである。これが「近くして之に遠きを示す」という『孫子』の兵法の実践である。『孫子』の重視する「詭道」により、騙された顔良は関羽に斬られたのである。

【実戦事例二　烏桓遠征】

「其の備《そなへ》無きを攻む」

曹操は、官渡の戦いで最大のライバルであった袁紹を破ると、建安十一（二〇六）年、袁尚《えんしょう》・袁煕《えんき》という袁紹の二人の子を支援する遊牧民族の烏桓《うがん》に遠征する。郭嘉《かくか》が強く勧めたためである。郭嘉は、「軍は神速を貴ぶ」として輜重《しちょう》（兵糧や補充の武器を運ぶため、進軍速度がとても遅い）を留め置き、軽装の兵により倍の速度で烏桓の不意を衝くことを献策して、曹操に勝利をもたらした。

袁尚と袁煕は、なお遼東《りょうとう》に逃れたが、曹操への接近を考えていた公孫康《こうそんこう》に殺害され、建安十二（二〇七）年、袁氏の勢力は一掃された。こうして河北を統一した曹操は、いよいよ長江流域に進出、中国統一を目指していく。

曹操は、郭嘉の献策を入れ、輜重を置いて軽騎兵により烏桓の「備無きを攻」めた。これも「詭道」を具体化した兵法であり、不意を衝かれた烏桓は、曹操に降服する。後漢の光武帝が中国を統一する時に切り札とした「烏桓突騎」を手に入れた曹操は、天下統一に近づいたのである。

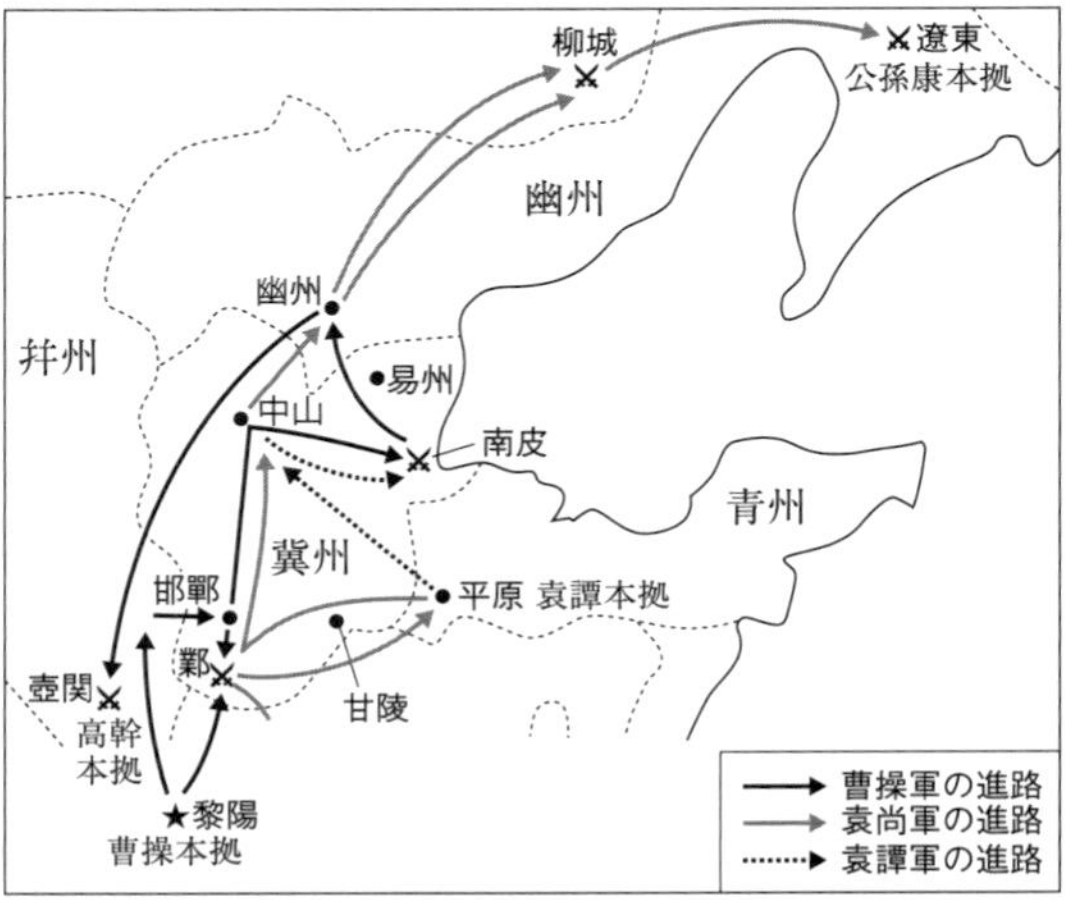

7　戦わずに勝ちを定める

そもそも戦わずに廟堂で目算《もくさん》して勝ちが定まるのは、（五事・七計を比べた結果）勝算《しょうさん》を得ることが多いからである。戦わずに廟堂で目算して負けが定まるのは、勝算を得ることが少ないからである。勝算が多ければ勝ち、勝算が少なければ勝てない。ましてや勝算がなければなおさらである。わたしはこのような方法で戦いを観察することで、（事前に）勝敗が分かるのである、と[三六]。

［三六］　わたしの方法によりこれを観察するのである。

【読み下し】
夫《そ》れ未《いま》だ戦はずして廟算《べうさん》して勝つ者は、算を得ること多きなり。未だ戦はずして廟算して勝たざる者は、算を得《う》ること少なきなり。算 多ければ勝ち、算 少なければ勝たず。而《しか》るを況《いは》んや算無《な》きをや。吾 此《これ》を以て之《これ》を観《み》れば、勝負見《あらは》る、と[三六]。

［三六］　吾が道を以て之を観る。

【補注】
○廟算　祖先を祀《まつ》る宗廟で、五事・七計を基準とする勝敗の可能性を数えること。

【解説】

五事・七計について、「多い・少ない」という表現をしていることから、廟算では算木《さんぎ》（数取りの棒）を用いて、一つひとつの有利・不利を数えたのであろうか。勝算という現在の日本語でも使う言葉も、これを語源とする。『孫子』は、戦争の前に宗廟で行われていた吉凶の占いを廟算に変えることで、戦争に勝利する方法を合理的に計算しようとしたのである。

作戦篇　第二

作戦篇は、『孫子』の中で最もまとまりの良い篇で、長期戦を避けるべきことを一貫して述べていく。五つの段落に分けると、孫子は、1十万の軍隊を動かすには、「一日に千金」を費やすことを大前提とする。したがって、2やむを得ず戦争になった場合には、とにかく戦いを長引かせないことが重要である。しかし、短期間であっても膨大な費用が掛かる。そこで、3敵から食糧を奪って戦う必要性を強調する。さらに、4敵の兵士や戦車などの戦力も奪い、敵軍を自軍に組み込むことで強さを増していく。5このような兵の用い方を知る将が、民草の命運を司《つかさど》り、国家の安寧と危急を決するのである。

1　一日ごとに千金

作戦篇第二[一]

孫子はいう、およそ兵を動かす（際の）原則は、（四頭の馬を車につける軽車である）馳《ち》車《しゃ》は千輛[二]、（四頭の馬を車につけ騎兵一騎と歩兵十人を備える重車である）革車《かくしゃ》は千輛〔三〕、武装した士卒十万人であり〔四〕、（国境を越えること）千里（の彼方）に食糧を運搬する〔五〕。そのためには（国の）内外の経費、賓客の費用、膠《にかわ》や漆《うるし》など（武具）の材料、兵車や甲冑《かっちゅう》の供給などに、一日ごとに千金を費やす。そののちに十万の軍隊を動かす〔六〕。

〔一〕戦おうとすれば必ず先にその戦費を計算し、なるべく兵糧を敵に依拠する。

〔二〕（馳車とは）軽車《けいしゃ》である。四頭の馬をつけた車千輛である。

〔三〕（革車とは）重車《じゅうしゃ》である。万乗のような重さをいう。車一輛ごとに四頭の馬、歩兵十人、騎兵一騎である。重車は補給のための二人は炊飯を担当し、一人は重装備を保全することを担当し、従者の二人は馬を飼育することを担当する、すべてで五人である。歩兵は十人である。重車は大車《たいしゃ》（長轂車《ちょうこくしゃ》）であり牛を繋《つな》ぐこともできる。（歩兵十人のための）補給のための二人は炊飯を担当し、一人は戦いの装備を保全することを担当する、すべてで三人である。

〔四〕馳車《ちしゃ》は、軽車である。四頭の馬を（車に）つける。革車《かくしゃ》は、主車である。

〔五〕国境を越えること千里である。

〔六〕考えるに（戦功への報）賞を支払うことはなおこれら（千金の費用）の外にある。

【読み下し】

作戦第二〔一〕

孫子曰《いは》く、凡《およ》そ兵を用ふるの法は、馳車千乗《じょう》〔二〕、革車千乗〔三〕、帯甲十万ありて〔四〕、千里に糧《かて》を饋《おく》る[五]。さすれば則《すなは》ち内外の費、賓客の用、膠漆の材、車甲の奉、日ごとに千金を費す。然《しか》る後に十万の師《し》挙《あ》ぐ[六]。

[一] 戦はんと欲すれば必ず先に其《そ》の費を算し、務めて糧を敵に因るなり。
[二] 軽車なり。駕駟《がし》千乗なり。
[三] 重車なり。万乗のごとく重きを言ふなり。一車ごとに駕四、卒十、騎一なり。重は養《まかなひ》の二人 炊家子《すいかし》を主《つかさど》り、一人は固守衣装《こしゅいしょう》を保つを主り、廝《し》の二人は馬を養《やしな》ふを主る、凡《すべ》て五人なり。歩兵は十人なり。重は大車なるを以て牛をも駕す。養の二人は炊家子を主り、一人は守衣装を保つを主る、凡て三人なり。
[四] 馳車は、軽車なり。駟馬を駕す。革車は、主車なり。
[五] 境を越ゆること千里なり。
[六] 謂《おも》へらく賞を購《あがな》ふこと猶《な》ほ之が外に在り。

【補注】
○帯甲　武装をまとった兵士のこと。○炊家子《すいかし》　軍中の炊事を掌《つかさど》る者のこと。○固守衣装　兵装のこと。それを運搬して整備する、いわゆる後方支援を掌る。後出の守衣装も兵装であるが、それより重装備のもの。

【解説】

孫子は、戦争とは、馳車（軽車）を千輛と革車（重車）を千輛、そして武装した士卒十万により戦うものであるという。ここでは大規模な戦争が想定されているが、十万人規模での集団戦が原則となるのは、戦国時代も後半に入ってからである。ここからも現行の『孫子』が、春秋時代を生きた孫武の著述のみに留まらないことが明らかとなる。そうした大規模な軍隊を千里の彼方に食糧を運搬して戦わせるには、一日ごとに千金を費やす、というのである。

【実戦事例三　官渡の戦い①】

「日ごとに千金を費やす」

建安《けんあん》五（二〇〇）年、白馬《はくば》の戦いで曹操に敗れた袁紹は、官渡の北の陽武《ようぶ》に陣取り、各陣営を横に連ねて前進し、官渡に迫って決戦を挑む。曹操は兵力不足のため、陣営深くに引き籠もった。そこで袁紹は、高い櫓《やぐら》を組み、土山《どざん》を造って、その上から矢の雨を降らせた。曹操軍も陣内に土山を築いて対抗すると共に、「霹靂車《へきれきしゃ》」と恐れられた移動式の投石機により、敵の櫓と土山を狙い撃ちにした。すると袁紹軍は、「地突《ちとつ》」と呼ばれる地下道を敵の陣地の下まで掘り進めて攻撃する作戦を展開した。曹操軍は、深い塹壕《ざんごう》を幾重にも掘り、敵の地突を無力化させた。

戦いの長期化により、曹操軍では兵糧輸送が滞《とどこお》り始める。さすがの曹操も弱気になって、留守を預かる荀彧《じゅんいく》に、撤兵すべきか否かを相談した。荀彧は名士（名声を存立基盤とする後漢末・三国の知識人層）間の情報を分析し、勝利を確信していたので、抗戦を続けるよう曹操を励ました。曹操が袁紹の兵糧輸送を襲撃すると、袁紹は烏巣《うそう》に大きな兵糧貯蔵施設をつくり、そこを淳于瓊《じゅんうけい》に守らせた。

　このとき、袁紹に献策を無視され続けた名士許攸《きょゆう》が、曹操に帰順する。袁紹側は、すでに勝利を確信しており、その後の勢力争いが始まる中、許攸は収賄を咎《とが》められて失脚し、曹操のもとに烏巣襲撃策をもたらしたのである。許攸の進言を危ぶむ声もあったが、荀攸《じゅんゆう》と賈詡《かく》の勧めもあり、曹操は自ら精鋭を率いて烏巣を攻撃、淳于瓊を破って兵糧を焼き払った。袁紹は、淳于瓊を救援する一方で、曹操不在の官渡を張郃《ちょうこう》と高覧《こうらん》に攻撃させる。しかし、淳于瓊の敗退を聞いた張郃・高覧が曹操に降服、袁紹軍は総崩れとなり、曹操が勝利を収めたのである。

　この戦いでは、官渡に追い込まれた曹操は、袁紹の攻撃や自軍の兵糧の不足に

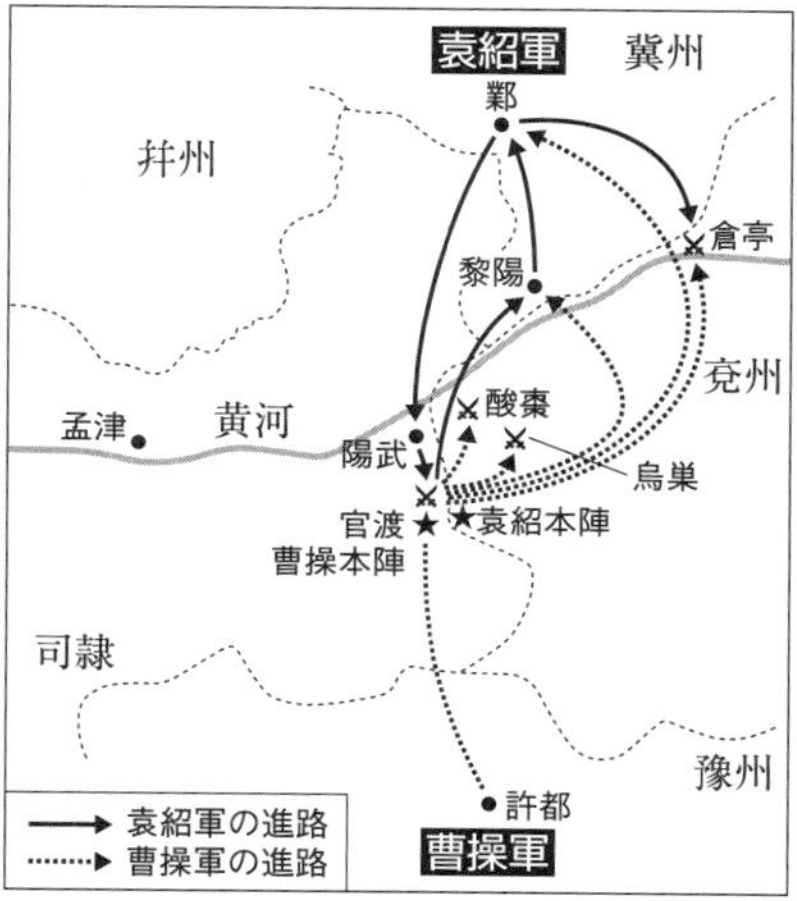

打ち勝って、勝利の機会を得るまで籠城《ろうじょう》を続けていた。それは、袁紹が根拠地とする鄴という「千里の彼方」から「十万の兵」を率いて遠征に来ているため、「日ごとに千金を費」やしていることが、『孫子』作戦篇から理解できたためである。そこで、曹操は得意の騎兵により、袁紹の糧道を攻撃し、兵糧を蓄積した烏巣を火攻めにして、勝利を収めた。その奇襲も鮮やかであるが、勝利の前提となったものは、袁紹の大軍を長期戦に引きずり込んだ官渡での籠城であった。

2　長期戦の否定

戦いを行うには、勝っても（戦いの期間が）長くなれば軍を疲弊させ士気を挫《くじ》く。城を攻めると（長期戦となり）力が尽き［七］、長く軍を（戦場に）晒《さら》せば国家の財政が不足する。軍を疲弊させ士気を挫き、力も尽き財も尽きれば、（他の）諸侯がその疲弊に乗じて蜂起する。（そのときには自国に）智者がいても、疲弊の後をうまく（対処）できない。このため戦争には（巧みでなくとも速さで勝つ）拙速《せっそく》は聞くことがあるが、巧みで久しい（巧遅《こうち》という）ものはない［八］。そもそも戦争が長期で国家の利となることは、ありえない。このため兵を動かすことの害を知り尽くさない者は、兵を動かすことの利も知り尽くすことはできないのである。

［七］鈍は、疲弊するという意味である。屈は、尽きるという意味である。

［八］拙《つたな》くとも、速さにより勝つことがある。「未だ覩《み》ず」とは、無いという意味である。

【読み下し】

其《そ》の戦《たたかひ》を用ふるや、勝つも久しければ則ち兵を鈍《つか》れさせ鋭を挫《くじ》く。城を攻むれば則ち力屈《つ》き［七］、久しく師を暴《さら》せば則ち国用足らず。夫れ兵を鈍れさせ鋭を挫き、力を屈くし貨を殫《つ》くせば、則ち諸侯 其の弊《へい》に乗《じょう》じて起こる。智者有りと雖《いへど》も、其の後を善くする能《あた》はず。故に兵は拙速を聞くも、未だ巧みの久しきを覩《み》ざるなり［八］。夫れ兵 久しくして国の利なる者は、未だ之れ有らざるなり。故に尽《ことごと》く兵を用ふるの害を知らざる者は、則ち尽く兵を用ふるの利を知ること能はざるなり。

［七］鈍は、蔽なり。屈は、尽なり。

［八］拙しと雖も、速きを以て勝つこと有り。未だ覩ず者《とは》、無きを言ふなり。

【解説】

孫子は、戦争をする際には、長引かせないことを主張する。「拙速」は、現代の日本語では悪い意味でしか用いないが、兵は「拙速」が求められ、巧みでも遅い「巧遅」は求めない。長期戦が不利なのは、経済的な負担だけではない。勝利はしても力も財も尽きたのを見た他国が、自国に攻め込んで来ることも、警戒すべきである。『孫子』は、春秋・戦国時代の戦乱の中で磨かれてきた。国際関係の厳しさが、こうした記述に反映している。

3　食糧を奪う

よく兵を用いる者は、兵役は二度徴発《ちょうはつ》せず、食糧は三度（国から）運ばない[九]。軍需品は自国のものを使い、食糧は敵地のものに依拠する。そうすれば兵糧は充足できる[一〇]。国が戦争のために貧しくなるのは（兵糧を）遠くに運ぶためである。遠くに運べば人々は貧しくなる。軍隊の近くにいる者は高く売る。高く売るので人々の財は尽きる[一一]。財が尽きれば丘役《きゅうえき》が厳しくなる。（補給をする）中原《ちゅうげん》の力は尽き、家の内は窮乏《きゅうぼう》する。人々の経費は、十のうちの七がなくなる[一二]。国家の経費は、戦車が壊れ馬は疲れ、（戦具である）甲冑や弓矢、楯と矛や櫓《やぐら》（が痛み）、（運搬のための）大牛や大車（などを失い）、十のうちの六がなくなる[一三]。このため智将はできるだけ敵の兵糧を（奪って）食べる。敵の一鍾《しょう》〔約五十リットル〕を食べるのは、自軍の二十鍾分に相当し、（馬糧の）豆がらや藁《わら》の一石《せき》〔約三十キログラム〕は、自軍の二十石分に相当する[一四]。

[九] 籍は、賦《ふ》（兵役）のようなものである。言いたいことは初めて民を徴兵したら、すぐに勝利し、再び国に戻って兵を徴発しないということである。初めて兵糧を運んだら、その後は兵糧を敵から奪い、兵を返して国に入るまで、また兵糧を補給することはない。

[一〇] 兵の甲冑や戦いの用具は、国の内部に求め、兵糧は敵地のものに依拠する。

［一一］軍勢がすでに境界より出ると、軍に近い者は財を貪《むさぼ》り、みな高く売るので、人々（の財）が枯渇するのである。

［一二］丘《きゅう》は、十六井《せい》である。民草の財が尽きても戦いが終わらなければ、（民草は）兵糧を運び力を戦場に尽くす。十のうち七が失われると、（民草の）費用を使い果たす。

［一三］丘牛《きゅうぎゅう》とは、丘邑《きゅうゆう》の牛をいう。大車は、長轂車のことである。

［一四］六斛《こく》四㪷《と》で鍾とする。萁《き》は、豆稭《まめがら》である、秆《かん》は、禾藁《もみがら》である。石《せき》は、百二十斤《きん》である。（食糧を）輸送する原則は、二十石を費やしてようやく一石を運ぶことができる。

【読み下し】

善《よ》く兵を用ふる者《もの》は、役《えき》は再び籍《せき》せず、糧《かて》は三たび載《の》せず［九］。用を国に取り、糧を敵に因る。故《ゆゑ》に軍食足《た》らしむ可《べ》きなり［一〇］。国の師《し》に貧なる者遠く輸《いた》せばなり。遠く輸せば則ち百姓《ひゃくせい》貧し。師に近き者は貴く売る。貴く売れば則ち百姓の財竭《つ》く［一一］。財竭くれば則ち丘役に急なり。力屈《つ》き、内は家に虚《むな》し。百姓の費《つひえ》は、十に其の七を去る［一二］。公家の費は、破《は》車《しゃ》・罷馬《ひば》、甲冑・矢弩《しど》、戟楯《げきじゅん》・蔽櫓《へいろ》、丘牛・大車、十に其の六を去る［一三］。故に智将は務めて敵に食《は》む。敵の一鍾《しょう》を食むは、吾が二十鍾に当たり、萁《き》秆《かん》一石は、吾が二十石に当たる［一四］。

［九］籍は、猶《な》ほ賦《ふ》のごときなり。言ふこころは初めて民に賦すや、便《ただ》ちに勝《かち》を取り、復た国に帰り兵を発せざるなり。始めて糧を用ふるや、後は遂《かく》て食を敵に因り、兵を還《かへ》し国に入るまで、復た糧を以て之を迎へざるなり。

［一〇］兵甲・戦具は、用を国中に取り、糧食は則ち敵に因るなり。

［一一］軍行 已《すで》に界より出《い》づるや、師に近き者は財を貪《むさぼ》り、皆 貴く売れば、則ち百姓 虚竭《きょけつ》するなり。

［一二］丘《きゅう》は、十六井《せい》なり。百姓の財 殫尽《たんじん》するも而《しか》も兵 解《と》けざれば、則ち糧を運び力を原野に尽くすなり。十に其の七を去る者《とは》、費を破る所なり。

［一三］丘牛とは、丘邑《きういふ》の牛を謂《い》ふ。大車は、乃《すなは》ち長轂車《ちゃうこくしゃ》なり。

［一四］六斛四㪷をば鍾と為す。萁は、豆稭《とうかい》なり、秆は、禾藁《かかう》なり。石《せき》は、百二十斤なり。転輸の法は、二十石を費やし乃ち一石を得るなり。


【補注】
○「丘と井」 ともに農地の区画の単位であり、『春秋左氏伝』成公《せいこう》伝元年の杜預《どよ》注によれば、丘ごとに牛馬を賦税《ふぜい》として徴収した、という。○鍾 穀物をはかる単位で、現在の約五十リットルにあたる。○原野 ここでは戦場のこと。○転輸の法 北宋の王皙《おうせき》は、千里を運ぶ際の原則であるという。

【解説】

孫子は、戦争には莫大な費用が掛かるので、なるべく短期間に戦争を終わらせよという。それは戦争により、国家財政は六十パーセント、人々の家計は七十パーセントの損害を受けることによる。そこで、孫子は敵から食糧を奪い取って戦うことが重要であると主張している。

4　敵に勝って強さを増す

さて敵兵を殺すのは怒《ど》〔ふるいたった気勢〕であり[一五]、敵の利（とする兵士）を奪い取るのは財貨や褒賞《ほうしょう》である[一六]。そこで戦車戦で、戦車十輛以上を鹵獲《ろかく》すれば、先に賞を（降伏して自軍に）得た者に与え（さらなる降伏を促《うなが》し）[一七]、敵の旗を自軍のものに改め[一八]、（鹵獲した）戦車は（自軍のものと）混じえて乗せ[一九]、（降伏した）兵は優遇して十分に養う。これが敵に勝って強さを増すということである[二〇]。

［一五］威《おど》し怒ることにより敵に（威力を）とどろかせる。

［一六］軍に財貨がなければ、（敵の）兵士は来ない。軍に褒賞がなければ、兵士は行かない。

［一七］戦車戦で敵の戦車十輛以上を鹵獲《ろかく》できれば賞を与えるのに、戦車戦で敵の戦車十輛以上を鹵獲した（自軍の）者はこれを賞するとは言わず、（降伏して敵国から）得た者を（自軍よりも先に）賞するというのはなぜか。言いたいことは（降伏させて）手にいれた戦車の兵卒を賞することを開き示し（他の敵の戦車の降伏を促し）たいからである。戦車での陣法は、五輛の戦車により一つの隊とし、僕射《ぼくや》が一人いる。十軍を

官とし、卒長《そっちょう》が一人いる。戦車が十輛に満ちれば、将吏は二人いるので、そこで（自軍では）かれらを登用する。このため（降伏した者たちには）別に賞をあたえると言って、将により恩を下に行き渡らせようとするのである。ある者は、「言いたいことは自軍が戦車十輛以上あり敵と戦わせるには、ただそのなかで功績がある者を（先に）取り立ててこれを賞し、（鹵獲した）戦車が十輛以下の場合、一輛だけを鹵獲したとしても、（先に）そのほかの九輛の分もすべて賞を与えるのは、進撃を保ち兵士を奨励するためである」と言っている。

[一八] 自軍（の旗）と同じにするのである。

[一九]（降伏した戦車を自軍の戦車に混ぜ）一輛で行かせないのである。

[二〇] 自軍の強さを増やすのである。

【読み下し】

故《ゆえ》に敵を殺す者は怒なり[一五]、敵の利を取る者は貨なり[一六]。故に車戦に、車十乗より以上を得《え》なば、其の先に得たる者を賞し[一七]、而して其の旌旗《せいき》を更《あらた》め[一八]、車は雑《まじ》へて之に乗らしめ[一九]、卒は善《よ》くして之を養ふ。是《こ》れ敵に勝ちて強《つよき》を益すと謂《い》ふ[二〇]。

[一五] 威怒して以て敵に致《いた》す。

[一六] 軍に財無《な》くんば、士 来たらず。軍に賞無くんば、士 往かず。

[一七] 車戦を以て能《よ》く敵車十乗より已上《いじょう》を得《え》なば之に賞賜するに、車戦もて車十乗より已

上を得る者は之を賞すと言はずして、得る者を賞す者《とは》何ぞや。言ふこころは其《そ》の得る所の車の卒を賞するを開示せんと欲すればなり。陳車《ぢんしゃ》の法は、五車もて隊と為し、僕射一人あり。十軍もて官と為し、卒長一人あり。車十乗に満《み》つれば、将吏二人あり、因《よ》りて之を用ふ。故に別に之に賜ふと言ひ、将をして恩を下及せしめんと欲するなり。或るひと曰く、「言ふこころは自らをして車十乗より已上有りて敵と戦はしむるに、但《た》だ其の功有る者を取りて之を賞し、其の十乗より已下なるは、一乗を独《た》だ得たりと雖も、余の九乗皆之を賞するは、進むを率《たも》ち士を励《はげ》ます所以《ゆゑん》なり」と。

［一八］吾と之を同じくするなり。
［一九］独《ひと》り任ぜざるなり。
［二〇］己《おのれ》の強《つよき》に益す。

【補注】
○僕射　ここでは射手のこと。　○卒長　兵士百人の隊長のこと。

【解説】
孫子が敵から得ようとしたものは、食糧だけではない。敵の兵士や戦車などの戦力も奪うべきであるとする。降服させた戦車は、自軍の中に組み込み、降服させた兵は、優遇して戦わせる。こうして勝利を収めて得た敵軍を自軍の一部とすることで、敵に勝つことで強さを増していくことの重要性が述べられる。

５　兵を知る将

だから兵（を用いる方法）は（軍が強さを増すので敵に）勝利を尊重し、（国家と民草を消耗させるので）長期戦を尊重しない[二]。そこで兵（の用い方）を知（り、敵の食糧・軍事力を利用し、短期決戦を行え）る将軍は、民草の命運を司《つかさど》る者であり、国家の安寧と危急を決する主体なのである、と[三]。

[二]　長期戦となれば不利なのである。兵は火のようなものである。おさめなければ自然と焼けてしまうのである。

[三]　将が賢ければ国家は安泰である。

【読み下し】

故に兵は勝《かち》を貴び、久しきを貴ばず[二]。故に兵を知るの将は、民の司命、国家の安危の主なり[三]。

[二]　久しければ則ち利あらざるなり。兵は猶ほ火のごときなり。戢《をさ》めずんば将《まさ》に自《おの》づから焚かんとするなり。

[三]　将　賢ならば則ち国　安きなり。

【補注】
○兵は猶ほ…　『春秋左氏伝《しゅんじゅうさしでん》』隠公《いんこう》伝四年に、「夫兵、猶火也。弗戢、将自焚也」とあり、『春秋左氏伝』からの引用である。儒教経典の『春秋左氏伝』は、具体的な戦い方を知るための書としても読まれていた。曹操にも一時的に臣従した、劉備の部下の関羽《かんう》が、『春秋左氏伝』を読んだと伝えられるのも、そのためである。

【解説】

戦いは、莫大な費用が掛かるため、将は短期決戦で勝利を収め、さらに敵の食糧と軍事力を利用していく。そうすれば、国家は安泰であるという。戦いを短期間に決着するためには、将が己の兵法を磨く必要がある。まずは千変万化する戦いに適応しなければならない。

謀攻篇　第三

謀攻篇《ぼうこう》で述べられる、具体的な戦闘を行わず、戦わないで勝つのを理想とすることは、戦争の基本的性格を「詭道《きどう》」と捉えることと並んで、『孫子』の原則となっている。

謀攻篇は、六つの段落に分けた。1孫子は、「百戦して百勝する」ことを最善とはせず、国を丸ごと取ることを上策とする。2戦わずに敵を屈服させるために、謀《はかりごと》（謀略）の段階で敵を討てば、戦わずに敵を屈伏させられる、という。ただ、常にそれが実現できると考えるほど、『孫子』は甘くない。このため3次善の策、その次、そして下策として避けるべき戦いとして城攻めのような包囲戦を提示する。ここで話が変わり、4君主が将を選任したならば、軍を御さず、軍政と国政を同じくしないことが重要である、と君主と将の関係が述べられる。そして、5将軍の君主からの独立性を含めて、勝つための条件を五つあげ、これらを理解していれば、6「彼を知り己を知らば、百戦して殆《あやふ》からず」となる、という有名な言葉で締め括る。

『孫子』がなぜ、戦わないことを最善の戦いとするのかについて考えていくと、『孫子』の兵法の真髄に近づく。『孫子』は、戦いを善悪により判断しない。戦いは、すでに現実として存在する。そこで戦いの目的を突き詰めていく。そのことにより『孫子』

は、戦いの目的を相手国の蹂躙《じゅうりん》や人間の殺害に求めない。相手を自分に従わせることを戦いの目的と考え、相手をなるべく傷つけずに自分に従わせようとする。それが「戦はずして人の兵を屈するは、善の善なる者なり」という表現となっているのである。

1　戦わずに勝つ

謀攻篇第三[一]

孫子はいう、およそ兵を用いる方法は、（敵の首都を急襲して）国を丸ごと取ることを上策とし、（兵を用いて）敵国を討ち破るのは次善である[二]。（敵の一万二千五百人からなる）軍を丸ごと取ることを上策とし、軍を討ち破るのは次善である[三]。（五百人からなる）旅《りょ》を丸ごと取ることを上策とし、旅を討ち破るのは次善である[四]。（百人の）卒《そつ》を丸ごと取ることを上策とし、卒を討ち破ることは次善である[五]。（五人の）伍《ご》を丸ごと取ることを上策とし、伍を討ち破ることは次善である[六]。このため百戦して百勝することは、最善ではない。戦わずに敵の軍を屈服させるのが、最善である[七]。

［一］敵を攻めようと思えば、必ず先に智謀をめぐらす。

［二］軍を興《おこ》せば（敵地に）深く入り長距離を行軍して、敵の都を占拠し、敵の都と国の内外を遮断して、敵が国をあげて降参し帰属することを上策とする。兵を用いて（敵軍を）撃破して占領することは次善とする。

［三］『司馬法』に、「一万二千五百人を軍とする」とある。

［四］五百人を旅とする。

［五］（卒は）校より上（の規模）で、百人にいたるものである。

［六］（伍は）百人より下で、五人にいたるものである。

［七］まだ戦わずに敵がみずから屈服することである。


【読み下し】

謀攻第三［一］

孫子曰《いは》く、凡《およ》そ兵を用ふるの法は、国を全《まった》くするを上と為《な》し、国を破るは之《これ》に次ぐ［二］。軍を全くするを上と為《な》し、軍を破るは之に次ぐ［三］。旅《りょ》を全くするを上と為し、旅を破るは之に次ぐ［四］。卒《そつ》を全くするを上と為し、卒を破るは之に次ぐ［五］。伍《ご》を全くするを上と為し、伍を破るは之に次ぐ［六］。是《こ》の故《ゆゑ》に百戦して百勝するは、善の善なる者に非《あら》ざるなり。戦はずして人の兵を屈するは、善の善なる者なり［七］。


［一］敵を攻めんと欲すれば、必ず先に謀《はか》る。

［二］師《し》を興《おこ》さば深入し長駆して、其《そ》の都邑《といふ》に拠り、其の内外を絶ち、敵の国を挙げて来服するを上と為す。兵を以て撃破して之を得るは次と為すなり。

［三］司馬法《しばほふ》に曰く、「万二千五百人を軍と為す」と。

［四］五百人を旅と為す。

［五］校より以上、百人に至るなり。
［六］百人より以下、五人に至るなり。
［七］未《いま》だ戦はずして敵 自ら屈服す。

【解説】

孫子は、「百戦して百勝する」ことを最善とはせず、国を丸ごと取ることを上策とする。訳文の「敵の首都を急襲して」と（　）で補った言葉は、魏武注［二］に基づく。この解釈は、『孫子』本文の本来的な意味からは乖離《かいり》している。

『孫子』は「百戦百勝」を目指すべき兵法書でありながら、それを最善としない。その哲学的な背景は、黄老《こうろう》思想にある。『老子《ろうし》』第三十一章には、「軍は不吉な道具であって、君子の道具ではない。やむを得ず軍を用いる場合には、無欲恬淡《むよくてんたん》であることを最上と考え、勝利しても（それを）良いこととしてはならない。良いことと考える者は、人を殺すことを楽しんでいる。人を殺すことを楽しむ者は、志を天下に実現することはできない」とある。こうした思想の影響下に『孫子』はある。たとえば唐の杜佑《とゆう》は、この部分を軍を「不吉な道具」とする『老子』の思想に沿って解釈する。『孫子』本文の解釈としては、杜佑が正しい。

これに対して、曹操は、あくまで兵を用いて中心都市を攻め落とし、そののち国を丸ごと支配することである、とこの部分を解釈する。ここには、曹操の戦いの経験がある。曹操は、かつて中心都市を攻め落とさずに張繍《ちょうしゅう》の降服を受けた後、背かれて長子の曹昂《そうこう》や親衛隊長の典韋《てんい》を殺される大敗北を喫している。そうした経験が曹操に、『孫子』本文の本来的な解釈とは異なる注を付けさせているのである。

2　謀を討つ

そのため兵の用い方の上策は（敵の）謀略《ぼうりゃく》を（その計画し始めた段階で）討つことであり[八]、その次は（戦争が）ちょうど始まろうとする出端《でばな》を討つことであり[九]、その次は（整った陣の）兵を討つことであり[一〇]、下策は城を攻めることである[一一]。城を攻めるという方法は、やむを得ずに採るものである[一二]。櫓《ろ》や轒轀車《ふんうんしゃ》を修治し、（飛楼《ひろう》や雲梯《うんてい》などの）攻城兵器を準備するのは、三ヵ月もかかる。土塁の土盛りはさらに三ヵ月もかかる。将が（攻城兵器が整うまで）その怒気をおさえられず、蟻《あり》のように（城壁に兵卒を）よじ登らせれば、兵士の三分の一を戦死させることになり、しかも城も落ちないのは、これが城を攻める害である[一三]。このためよく兵を用いる者は、敵の兵を屈服させても、戦闘したのではない。敵の城を落としても、攻めたのではない。敵の国を滅ぼしても、長くは（軍を露営《ろえい》させ）ない[一四]。必ず完全な形で（敵を得て）天下と（勝利を）争う。そのため兵は疲弊せず、（戦いに）利があり（国を）全うできる。これが（敵を攻めようと思うのであれば、必ず先に智謀をめぐらす）謀攻の方法である[一五]。

［八］敵が謀略を始めたばかりであれば、これを討伐するのは容易である。

［九］交は、（戦争が）ちょうど始まろうとしていることである。

［一〇］（兵は）陣形がすでにできあがっていることである。

［一一］敵国がすでにその外にある糧食を城内に収め、城を守っている。これを攻めるのは下策である。

［一二］修は、治である。櫓は、大楯である。轒轀《ふんうん》というものは轒牀車《ふんしょうしゃ》のことである。轒牀車はその下に四つの車輪があり、中からこれを押して城（壁の）下にいたるものである。具とは、備である。器械というものは、機関や攻守（のための兵具）の総称で、飛楼《ひろう》や雲梯《うんてい》の類である。距堙《きょいん》というものは、土を盛り上げ高く積み、進んで敵の城壁に近づいていくものである。

［一三］将が怒り攻撃の器具が完成するのを待たずに、兵卒を城壁によじのぼらせ、蟻が垣《かき》によじのぼるようにするのは、必ず兵卒を殺傷することになる。

［一四］敵の国を滅ぼしても、長くは軍を露営しない。

［一五］敵と戦わずに、かならず完全な形で敵を得て、勝利を天下にうち立てるには、兵を疲弊させず士気を減衰《げんすい》させない。

【読み下し】

故に上兵は謀《はかりごと》を伐《う》ち［八］、其《そ》の次は交《まじはり》を伐ち［九］、其の次は兵を伐ち［一〇］、其の下は城を攻む［一一］。城を攻むるの法は、已《や》むを得ざるが為《ため》なり［一二］。櫓《やぐら》・轒轀《ふんうん》を修め、器械《きかい》を具《そな》ふること、三月《さんげつ》にして後に成る。距堙《きょいん》、又三月にして後に已《を》はる。将其の忿《いか》りに勝《た》へずして、之《これ》に蟻《ぎ》附《ふ》せしむれば、士卒の三分の一を殺して、而《しか》も城の抜けざる者、此《こ》れ攻《こう》の災《わざわひ》なり[一三]。故に善《よ》く兵を用ふる者は、人の兵を屈するも、戦ふに非ざるなり。人の城を抜くも、攻むるに非ざるなり。人の国を毀《こぼ》つも、久しきに非《あら》ざるなり[一四]。必ず全《まった》きを以て天下に争ふ。故に兵頓《つか》れず、而して利あり全くす可し。此れ謀攻の法なり[一五]。

[八] 敵始めて謀有らば、之《これ》を伐つは易《い》なり。
[九] 交は、将《まさ》に合せんとするなり。
[一〇] 兵形已《すで》に成るなり。
[一一] 敵国已に其の外の糧《かて》を収《おさ》め城を守る。之を攻むるを下と為《な》すなり。
[一二] 修は、治なり。櫓は、大楯《おおたて》なり。轒轀なる者《もの》は、轒牀《ふんしょう》なり。轒牀は其《そ》の下に四輪有り、中より之を推《お》して城下に至るなり。具は、備なり。器械なる者は、機関・攻守の総名にして、飛楼《ひろう》・雲梯《うんてい》の属《たぐひ》なり。距堙なる者は、土を踊《のぼ》らせ高きに積みて、前《すす》みて以て其の城に附《ちか》づくなり。
[一三] 将忿《いか》り攻器の成るを待たずして、士卒をして城に縁《よじのぼ》りて上ること、蟻の牆《かき》に縁《よ》るが如《ごと》くせしむるは、必ず士卒を殺傷するなり。
[一四] 人の国を毀滅《きめつ》するも、久しくは師を露《さら》さず。
[一五] 敵と戦はずして、必ず完全にして之を得《え》、勝《かち》を天下に立つるは、則ち兵を頓《つか》れ鋭を挫《くじ》かず。

【補注】

○交を伐ち　唐の杜牧《とぼく》は、戦争が始まろうとする出端を討った事例として、曹操が潼関《どうかん》の戦いで離間《りかん》策により韓遂《かんすい》と馬超《ばちょう》を対立させたことを挙げる。曹操は賈詡《かく》の離間策に基づき、旧知の韓遂と馬上で言葉を交わし、また間違いを墨で消した手紙を送ることで、韓遂を馬超に疑わせた。○轒轀　四輪車で、下に兵が数十人入ることができ、中に入って押して進み、城壁の近くに接近するためのものである。○人の兵を屈するも…　唐の李筌《りせん》は、戦わずに敵を屈服させた事例として、郭淮《かくわい》が姜維《きょうい》を撃退した戦いを挙げる。晉将（正しくは魏将）の郭淮は、麴城《きくじょう》を包囲したが、蜀将の姜維が来て麴城を救った。すると郭淮は牛頭山《ぎゅうとうざん》に向かい、姜維の糧道と帰路を絶った。姜維は大いに震え、戦わずして敗走し、麴城は陥落した、と述べている。○人の城を抜くも…　唐の杜牧は、攻めずに城を落とした事例として、司馬昭《しばしょう》が諸葛誕《しょかったん》を寿春《じゅしゅん》に包囲した戦いを挙げる。司馬昭の陣営では多くの者が寿春への急襲を求めたが、城が堅牢で軍勢も多いので、攻め入って自軍の兵力が削られ、城外に救援軍が来た場

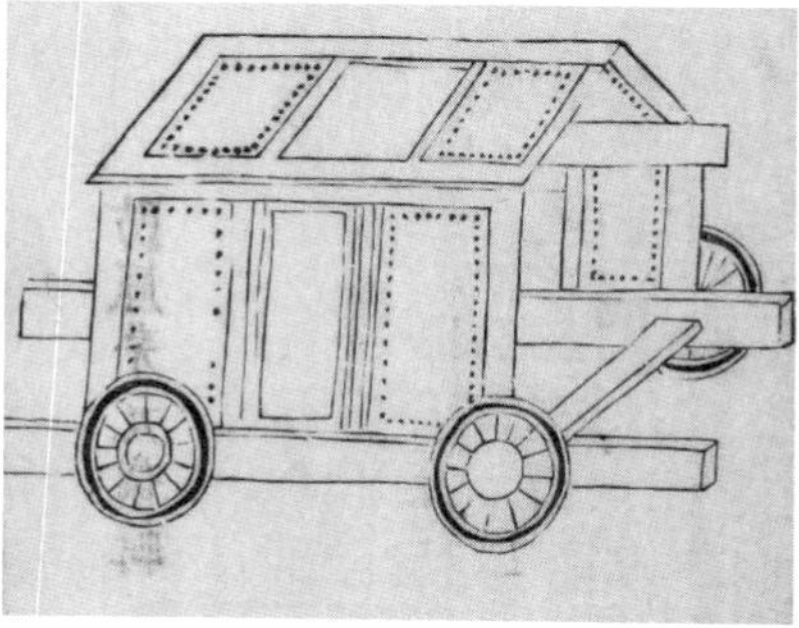

轒轀（『武備志』巻一百九）

合、表裏で敵と対峙することになり危険であるとした。そのため、司馬昭は攻めずに深い溝と高い土塁により包囲を続け、甘露《かんろ》二（二五七）年五月に離反した諸葛誕を翌三年二月に破っている。○飛楼　攻城兵器の一つ。城壁にかけて城壁をよじ登るために用いる。○雲梯　攻城兵器の一つ。はしご車のこと。城壁に接して用い、兵を城壁によじ登らせるために用いる。

【解説】

戦わずに敵を屈服させるという課題への孫子の答えは明確である。謀《はかりごと》（謀略）の段階で敵を討てば、戦わずに敵を屈伏させられる、というのである。ただし、謀を討つための具体策について、歴代の注家の見解は割れる。曹操は、［八］敵が謀略を始めたばかりで軍を動かさないうちに先制攻撃をかける、と解釈する。これに対して、北宋《ほくそう》の張預《ちょうよ》は、奇策により戦わずに勝利を収めることと理解する。『孫子』の思想としては、これが妥当であろう。後半で、よく兵を用いる者は、敵の兵を屈服させても、戦闘したのではない、と言っているのは、先制攻撃を上策と考えていないことの証《あかし》である。

敵が攻撃の計画をしている間に、外交策や離間策などの奇策をめぐらし、実際の戦いを起こらないようにする。それが、「戦はずして人の兵を屈するは、善の善なる者なり」と説く『孫子』の兵法の原則である。ただ、常にそれが実現できると考えるほど、『孫子』は甘くない。このため次善の策、その次、そして最低の避けるべき下策までを提示していく。

【実戦事例四　赤壁の戦い①】

「謀を討つ」

『孫子』の本文の本来的な意味とは反して、曹操が謀を討つための具体策として、敵が謀略を始めたばかりで軍を動かさないうちに先制攻撃をかけると解釈をするのは、赤壁《せきへき》の戦いで降服工作に拘《こだわ》ったあまり、黄蓋《こうがい》の偽降に敗れた経験があるからかもしれない。

建安《けんあん》十二（二〇七）年、曹操が南下して荊州を降し、劉表《りゅうひょう》の旧臣をそれなりの地位に就けると、張昭《ちょうしょう》ら孫権に仕える北来名士は降服を主張する。降服論が優勢な中、主戦論を唱える魯粛は、方針を周瑜《しゅうゆ》に尋ねることを求める。呉の主力軍を率いていた者も中護軍《ちゅうごぐん》の周瑜であった。周瑜が主戦論を唱えることで、呉は曹操と戦うことになった。とはいえ、曹操の率いる数十万の軍勢に対して、周瑜と程普《ていふ》の指揮する孫呉軍はわずかに数万、この劣勢を覆《くつがえ》したものが、黄蓋の献策であった。黄蓋は、曹操の水軍の密集ぶりを見て、投降を装い、焼き討ちを掛けることを進言する。

曹操が黄蓋の偽降に疑問を持たなかったのは、曹操が降服工作に努めていたことによる。赤壁に向かう曹操に対して、益州からは、劉璋《りゅうしょう》が曹操に恭順の意を示すために軍隊を派遣していた。孫権陣営に対しては、張昭だけではなく、孫賁《そんふん》にも内応を求めていた。孫賁の娘は曹操の子に嫁いでいた。赤壁の戦いに際して、朱治《しゅち》は、曹操に人質を送って降服しようとしていた孫賁を説得している。曹操は戦わずして勝つことを理想とする『孫子』の注釈者である。荊州の劉表を降伏させたように、そして益州の劉璋からも恭順を示す援兵が派遣されていたように、揚州の孫権陣営に対しても、降伏を求めるための入念な下準備をしていた。油断していた曹操は、黄蓋の偽降を信じ、火攻めに敗れたのである。

3　兵力差ごとの戦い方

その際に兵を用いる方法は、（自軍が）十倍であれば敵を包囲し[一六]、五倍であれば敵を攻撃し[一七]、二倍であれば（自軍を正兵と奇兵《きへい》に分けて）敵を分け（て対応させ）[一八]、匹敵すれば（奇兵や伏兵《ふくへい》を設けて）よく戦い[一九]、少なければ敵から守り[二〇]、及ばなければ敵を避ける[二一]。それゆえ寡兵《かへい》が堅く守っても、大軍のとりことなる[二二]。

[一六] 十倍（の軍）により一倍（の軍）を敵とすれば、敵を包囲する。これは将の智勇が等しく兵の利鈍《りどん》が均しい（場合の）ことをいう。もし主《しゅ》（包囲される側）が弱く客《きゃく》（来て攻める側）が強ければ、操《わたし》が二倍の軍によって下邳《かひ》を包囲し、呂布《りょふ》を生け捕りにした理由（のように勝てること）となる。

[一七] 五倍（の軍）により一倍（の軍）を敵とすれば、三つの道は正兵とし、二つの道は奇兵とする。

[一八] 二倍（の軍）により一倍（の軍）を敵とすれば、一つの道は正兵とし、一つの道は奇兵とする。

〔一九〕自軍と敵軍の兵数が等しければ、善策は奇兵や伏兵を設けてそれにより敵に勝つとよい。
〔二〇〕壁を高くし土塁を固くして、ともに戦ってはならない。
〔二一〕兵を撤退して敵をさける。
〔二二〕小は大に当たることができない。

【読み下し】

故に用兵の法は、十なれば則ち之を囲《かこ》み〔一六〕、五なれば則ち之を攻め〔一七〕、倍《ばい》せば則ち之を分《わ》かち〔一八〕、敵せば則ち能《よ》く之と戦ひ〔一九〕、少なければ則ち能く之を守り〔二〇〕、若《し》かざれば則ち能く之を避く〔二一〕。故に小敵の堅きも、大敵の擒《とりこ》なり〔二二〕。
〔一六〕十を以《もっ》て一に敵さば、則ち之を囲む。是《こ》れ将の智勇 等しくして兵の利鈍 均しきなるを謂《い》ふなり。若《も》し主 弱く 客 強からば、操 倍兵もて下邳を囲み、呂布を生擒《せいきん》する所以《ゆゑん》なり。
〔一七〕五を以て一に敵さば、則ち三術は正と為し、二術は奇と為す。
〔一八〕二を以て一に敵さば、則ち一術は正と為し、一術は奇と為す。
〔一九〕己と敵の人衆 等しければ、善なる者は猶ほ当《まさ》に奇・伏を設けて以て之に勝つべし。
〔二〇〕壁《へき》を高くし塁《るい》を堅くし、与《とも》に戦ふこと勿《な》かれ。
〔二一〕兵を引きて之を避く。

〔三〕小は大に当たる能《あた》はざるなり。

【補注】

○呂布　五原郡九原県の人、字を奉先《ほうせん》。董卓を誅殺し、功績により温侯《おんこう》に封ぜられたが、李《り》傕《かく》らに敗れる。以後各地を転々とし、下邳を奪って徐州刺史《じょしゅうしし》を自称した。建安《けんあん》三（一九八）年、曹操の征伐を受け降伏したが、縊殺《いさつ》された（『三国志』巻七　呂布伝）。○奇兵　敵の不意を討つ部隊。正兵の対義語。

【解説】

『孫子』は、彼我の兵力差が十倍であれば、（城攻めのように）敵を包囲するという。これに対して、曹操は注〔一六〕で、包囲する側と攻める側の力の差があれば、操《わたし》が二倍で呂布を生け捕りにしたように、十倍もの兵力差はいらない、と述べている。漢代の訓詁学では、注は本文の解釈をするもので、新しい学説を主張するものではない。曹操が本文に異を唱えるのは、注の付け方としては異例である。これに対して、唐の杜牧《とぼく》は、囲とは四方を厚く囲み、敵を逃走させないことである、そのために敵城からやや離れた周囲の地を広く守備するので、十倍の戦力がいる、呂布が敗れたのは、内部の疑心暗鬼、具体的には侯成《こうせい》が陳宮《ちんきゅう》を捕らえ呂布を捨てて降伏したことによる、上下が疑心暗鬼になれば自壊する、したがって、呂布が曹操に降伏した事例は参考にならない、と述べて、曹操の解釈を批判している。言わずもがなのことである。曹操は、それほどまでに呂布を下邳で破ったのが会心の戦いだったのであろう。

【実戦事例五　下邳の戦い】

建安《けんあん》三（一九八）年、曹操は自ら呂布征討に赴き、下邳城を水攻めにした。郭嘉《かくか》の進言により、沂水《きすい》と泗《し》水《すい》の流れを決壊させたのである。下邳城は、東門を除いて、ことごとく水浸しとなった。呂布は、袁術《えんじゅつ》に救援を求めたが、袁術は来なかった。水攻めによって兵糧が不足し、内部分裂した呂布の集団は崩壊し、部下の侯成が、軍師の陳宮を捕らえ、呂布を縛り上げて曹操に降服した。

曹操は、呂布の騎兵統率能力を高く評価していたが、裏切りを繰り返す呂布の人間性を批判する劉備《りゅうび》の意

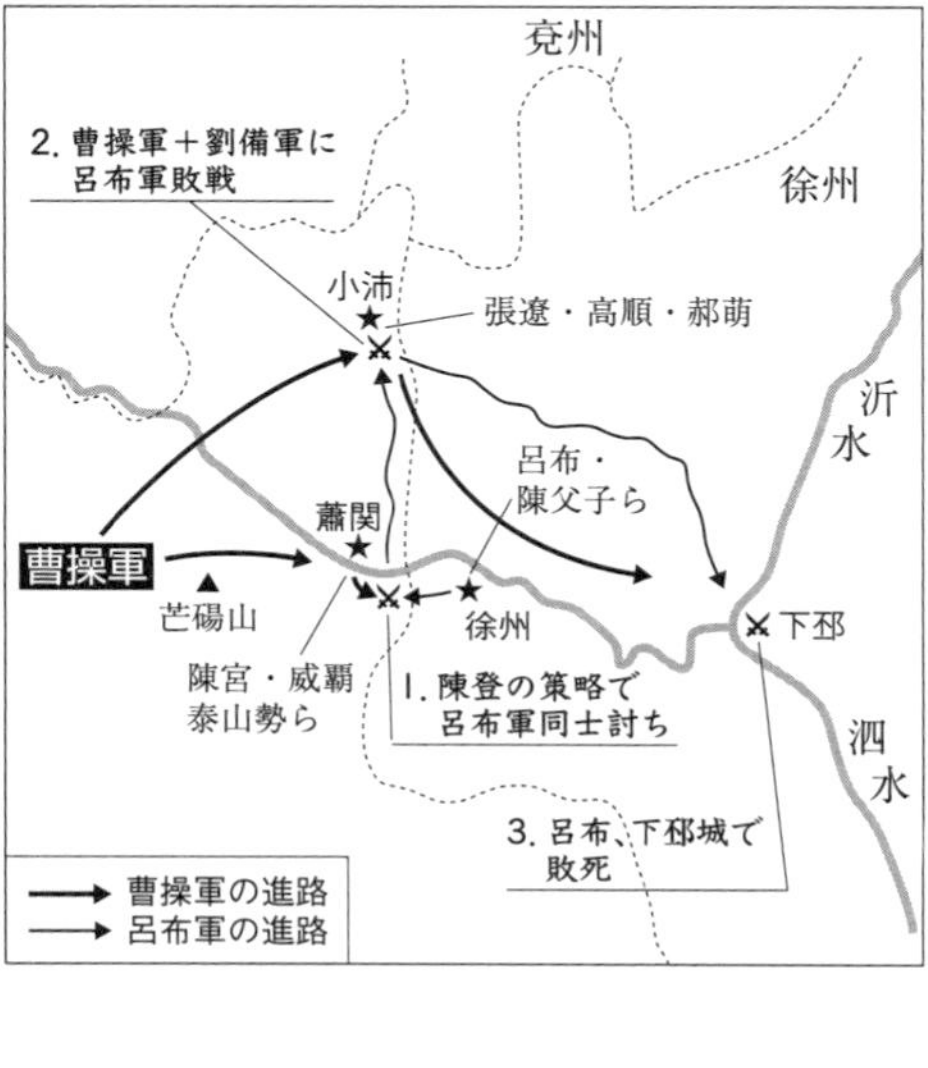

見を尊重して、呂布を斬った。劉備は、やがて曹操のもとから脱出し、呂布と同じ徐州を基盤に、曹操に抵抗して敗退する。

曹操が呂布討伐で行った水攻めは、城の周囲に長大な堤防を築き、近くの河川から水を引いて水没させる戦法である。大規模な土木工事を必要とし、費用も日数もかかる攻め方だが、火薬がなかった三国時代には、城攻めの重要な手段の一つであった。曹操は、この下邳城の水攻めが、誇るべき戦いの一つであった。

4　将と君主

そもそも将は、国の輔佐《ほさ》である。輔佐（である将）が周到で綿密であれば国は必ず強く[三三]、輔佐（である将）に隙があ（り形が外に見え）れば国は必ず弱い[三四]。そこで君主が軍事について心にかけることは三つある。（第一は）軍が進んではならないのを知らずに、進めと言うことである。軍が退いてはならないのを知らずに、退けと言うことである。これを軍を御すという[三五]。（第二は）軍の状況を知らずに、軍政を（国政と）同じくすると、軍士は惑う[三六]。（第三は）軍の権謀を知らずに、将の任用を（国政と）同じくすると、（その人を得ないため）軍士は疑う[三七]。軍が惑いかつ疑えば、諸侯の介入が至る。これを軍を乱して勝利を奪うというのである[三八]。

[三三] 将が周到で綿密であれば、謀《はかりごと》が漏洩《ろうえい》することはない。

[三四]（隙とは軍の）形勢が外に見えることである。
[三五] 縻は、御（という意味）である。
[三六] 軍政（の原則）は国政に適用させず、国政（の原則）は軍政に適用しない。（国政の原則である）礼では軍を治めることができない。
[三七]（将に）その（適任の）人を得られないからである。
[三八] 引は、奪（という意味）である。

【読み下し】

夫《そ》れ将は、国の輔《ほ》なり。輔周《あまね》ければ則ち国 必ず強く[三三]、輔 隙あれば則ち国 必ず弱し[三四]。故に君の軍に患《うれ》ふる所以の者には三あり。軍の以《もっ》て進む可《べ》からざるを知らずして、之に進めと謂《い》ふ。軍の以て退く可からざるを知らずして、之に退けと謂ふ。是《これ》を軍を縻《ぎょ》すと謂ふ[三五]。三軍の事を知らずして、三軍の政を同じくせば、則ち軍士 惑《まど》ふ[三六]。三軍の権を知らずして、三軍の任を同じくせば、則ち軍士疑《うたが》ふ[三七]。三軍 既《すで》に惑ひ且つ疑はば、則ち諸侯の難 至る。是《これ》を軍を乱して勝を引《うば》ふと謂ふ[三八]。

[三三] 将周《あまね》く密ならば、謀 泄《も》れず。
[三四] 形 外に見《あら》はるるなり。
[三五] 縻は、御なり。
[三六] 軍容は国に入れず、国容は軍に入れず。礼 以て兵を治む可からず。

〔三七〕其の人を得ざるなり。
〔三八〕引は、奪なり。

【補注】
○礼 以て…可からず　北宋の張預は、仁義によって国を治めることはできるが、軍を治めることはできない。また権変によって軍を治めることはできるが、国を治めることはできないとする。

【解説】

孫子は、君主が将を選任したならば、三つのことを心にかけよという。第一は、軍を御さないことである。軍の進退は将に任せ、口を出さない。将の判断を尊重して介入しない。第二は、軍政を国政と同じくしないことである。礼を中心に置く国政と軍事とは原理・原則が異なる。第三は、将の任用を国政と同じくしないことである。これも第二と同じく、軍事の特殊性を尊重すべきという主張である。これらのなかで、君主が軍事に介入しないことが最も重要である。この原則は、将の側から言えば、「君命に受けざる所有り（君主の命令であっても受けないことがある）」（九変篇）ということになる。

5　勝利の五つの条件

こうして勝利を（あらかじめ）知るには五つのことがある。（第一に）戦うべき相手か、戦わないべき相手かを知るものは勝つ。（第二に）大軍と寡兵《かへい》（それぞれ）の用兵を知るものは勝つ。（第三に）君臣が目的を共にするものは勝つ[二九]。（第四に）計って計らない者を待てば勝つ。（第五に）将《しょう》が有能で君主が統御《とうぎょ》しないものは勝つ[三〇]。これら五つが、勝利を知る方法である[三一]。

［二九］君臣が目的を共にすることである。

［三〇］『司馬法《しばほう》』に、「（軍の）進退にはただ時（の可否）があるだけで、君主と相談することはない」とある。

［三一］これは上の五事である。

【読み下し】

故に勝《かち》を知るに五有り。以《もっ》て与《とも》に戦ふ可《べ》く、以て与に戦ふ可からざるを知る者は勝つ。衆寡《しゅうくわ》の用を識《し》る者は勝つ。上下の欲を同《とも》にする者は勝つ[二九]。虞《ぐ》を以て不虞《ふぐ》を待つ者は勝つ。将能《のう》にして君の御《ぎょ》せざる者は勝つ[三〇]。此の五者は、勝を知るの道なり[三一]。

［二九］君臣　欲することを同にす。

［三〇］司馬法に曰く、「進退　惟《た》だ時あるのみ、寡人《くわじん》と曰《い》ふは無し」と。
［三一］此《こ》れ上の五事なり。

【補注】
○虞　梁の孟氏は、度である、と解釈する。○将　能にして…　唐の李筌《りせん》は、将軍は外では君命を受けずに勝つのが真の将軍である、とする。その事例として、司馬懿《しばい》が五丈原《ごじょうげん》で諸葛亮《しょかつりょう》を防いだ際、明帝《めいてい》が辛毗《しんぴ》に軍門で戦わせないようにしていると聞いた諸葛亮が、天子が許さないから戦わないのであれば、それは無能な将である、としたことを挙げる。

【解説】
孫子は、勝つための条件を五つ挙げる。第一は、敵・味方の実情を的確に把握すること。これは廟算《びょうさん》で合理的に計算される。敵に劣る場合は戦えないのか、という問題に関係するものが第二である。多数には多数の、少数には少数の戦い方があり、それぞれの用兵を共に知ることが、勝つための条件の第二である。第三は、君臣が戦いの目的を共有すること。戦争の正当性である。第四は、戦うための準備を十分にすること。そして第五は、将軍の君主からの独立性である。これらが戦いに勝つための原則である。

6　百戦して殆からず

「敵を知り自分を知れば、百戦しても危険はない。敵を知らず自分を知れば、勝ったり負けたりする。敵を知らず自分を知らなければ、戦うたびに必ず敗れる」というのである。

【読み下し】
故に曰《いは》く、「彼《かれ》を知り己《おのれ》を知らば、百戦して殆《あやふ》からず。彼を知らずして己を知らば、一勝一《いち》負《ふ》す。彼を知らず己を知らざれば、戦ふ毎《ごと》に必ず敗る」と。

【補注】
○百戦して殆からず　北宋の王晳は、殆は、危である。彼我の情を比較し、勝利を知ってから後に戦うことで、百戦しても危険ではない、とする。

【解説】
謀攻篇は、「敵を知り己《おのれ》を知れば、何度戦っても危険はない」という言葉で篇を閉じる。戦いでは、敵と味方の実情を的確に知ることで、どう戦えばよいかを正確に判断し、対処することが重要なのである。

軍形篇　第四

『孫子』は、戦争には負けない「形《かたち》」がある、とする。軍形篇は、それがどのような形であるかを論じていく。軍形篇は、五段落に分けた。孫子は、戦いでは負けないことを重視すべきで、1負けない形を取ればよいとする。2負けない形とは、形を隠す、すなわち軍の動静を敵に知られないようにすることである。

この結果、3よく戦う者は、勝ちやすい相手に、当たり前に勝つ。そのため、勝利には奇策《きさく》も智謀《ちぼう》も勇気も必要ない。勝つことは決まっているからである。先に勝利を確実にしてから戦う、これが戦いに勝つ形である、とする。それではなぜ、戦う前から勝っているのか。それは、敵の「形」と自らの「形」を比較して、すでに勝っていると判断できるからである。4その基準は、①「度」、土地の測量をすることで、②「量」、穀物の収穫高を判断し、それに基づく③「数」、展開可能な兵力数を想定し、④「称」、自軍と敵軍を比較して、⑤「勝」、勝利に至るという。2で展開されていた哲学的な議論が急に、色あせた印象もあるが、最後に孫子は、次のように述べる。

5敵軍より優勢な形があれば、せきとめた水を千仞《せんじん》の高さから切って落とすほど、明確に勝利を得られるのであると。それでは、優勢な形を持たない軍は、勝利を収めることはできないのであろうか。

1　負けない「形」

軍形篇第四[一]

孫子はいう、むかしのよく戦う者は、まず（敵が自軍に）勝てない形にして、敵が（自軍の）勝つべき形になるのを待つ。（敵が自軍に）勝つことができないのは自軍（が固く守り備えること）による[二]。（自軍が敵に）勝つことができるのは敵に（隙《すき》や油断があることに）よる[三]。そのためよく戦う者は、（敵が自軍に）勝てないような形をつくり、敵に絶対に勝たせないようにする。ゆえに、「勝ちは（形を見て）知ることができるが[四]、（敵にも備えがあるので勝ちを）なすことはできない」というのである[五]。

[一] 軍隊の「形」である。自軍が動けば相手は対応する。双方が考えを読みあうのである。
[二]（自軍が）守って固く備えるからである。
[三] 自軍はしっかり準備をして、敵に隙や油断が出てくるのを待つ。
[四]（敵と自軍の）できあがった形を見るのである。
[五]（勝ちをなすことができないのは）敵にも備えがあるからである。

【読み下し】

軍形第四[一]

孫子曰《いは》く、昔の善《よ》く戦ふ者は、先《ま》づ勝つ可《べ》からざるを為《な》して、以《もっ》て敵の勝つ可きを待つ。勝つ可からざるは己《おのれ》に在《あ》り[二]。勝つ可きは敵に在り[三]。故に善く戦ふ者は、能く勝つ可からざるを為して、敵をして之《こ》れ必ず勝つ可からしむる能《あた》はず。故に曰く、「勝《かち》は知る可くして[四]、為す可からず」と[五]。

[一] 軍の形《かたち》なり。我 動かば彼《か》れ応ず。両敵 相《あい》情を察するなり。
[二] 守りて固く備ふればなり。
[三] 自ら修治して、以て敵の虚懈《きょかい》を待つなり。
[四] 成せし形を見るなり。
[五] 敵に備へ有るが故なり。

【補注】

○形　軍形篇は、銀雀山本では「形篇」につくる。

【解説】

孫子は、負けないことを重視する。勝てるかどうかは、敵の形が負けるかどうかに依存する。自軍ができることは、負けないことだけで、敵が負ける形になったとき、具体的には魏武注［三］によれば、敵に隙や油断ができたとき、敵に勝つことができる。それでは、負けない形とは、どのようなものであろうか。

2　形を隠す

勝つことができないのは、（敵が形を隠して）守っているためである［六］、勝つことができるのは（敵が）攻め（て形が現れ）るからである［七］。守るのは（力が）足りないからで、攻めるのは（力に）余裕があるからである［八］。守るのが上手な者は、大地の下にひそむかのようで、攻めるのが上手なものは、大空を動きまわるかのようである。だから、自らの力を温存して、完全な勝利をおさめるのである［九］。


［六］（敵が）形を隠しているからである。

［七］敵が攻めれば（形が現れるので）、自軍が勝つことができる。

［八］自軍が守るのは、力が足りないからである。攻めるのは、力に余裕があるからである。

［九］（よく攻め、よく守るとは大地の下と大空の上のように）奥深く見えにくいことの喩《たと》えである。

【読み下し】

勝つ可《べ》からざる者は、守ればなり〔六〕、勝つ可き者は、攻むればなり〔七〕。守るは則ち足らざればなり、攻むるは則ち余《あまり》有ればなり〔八〕。善《よ》く守る者は、九地の下に蔵《かく》れ、善く攻むる者は、九天の上に動く。故に能く自ら保ちて全《まった》く勝つなり〔九〕。

〔六〕形を蔵《かく》せばなり。
〔七〕敵 攻むれば、己《おのれ》乃《すなは》ち勝つ可し。
〔八〕吾 守る所以者《ゆゑんは》、力 足らざればなり。攻むる所以者《は》、力 余《あまり》有ればなり。
〔九〕其《そ》の深微《しんび》なるを喩《たと》ふ。

【補注】
○九地 九地篇で述べられる九種類の土地ではなく、ここでは地上全体を指す。○九天 天全体を指す。

【解説】

曹操は、『老子《ろうし》』第四十一章に、「この上なく大きな象《しょう》は形がない。道は隠れていて無名なのである。（しかし）ただ道だけが（万物を）よく助けかつ完成させている」とあるような『老子』の思想に基づきながら、魏武注の〔九〕で、負けない形とは、形を隠した軍のことであり、攻めて形を現すことで敗北する可能性があることも論ずる。幾多《いくた》の戦いを経験し、儒教《じゅきょう》のみならず老子の思想にも深く通じた曹操ならではの解釈により、『孫子』の内容が深められている。『孫子』は、形を隠す、すなわち軍の動静を敵に知られないようにすることで、負けない形を作り出すことができるとするのである。

3　当たり前に勝つ

勝ちを予見《よけん》する力が、衆人の知見《ちけん》を超えないのは、最もすぐれたものではない[一〇]。（実際の）戦いに勝って、天下が善《よ》しというのも、最もすぐれたものではない[一一]。動物の細い毛をもちあげても、力持ちとはされない。太陽や月が見えても、目がよいとはされない。雷鳴が聞こえても、耳がよいとはされないのである[一二]。いにしえのよく戦う者は、勝ちやすい相手に勝つ者である[一三]。このためよく戦う者の勝利は、智謀の名声はなく、勇気ある功績はない[一四]。しかも戦って勝つことは、間違いない。間違いないのは、必ず勝つことが定まっているからである。すでに敗れているものに勝つからである[一五]。よく戦う者は、決して負けない状態にあり、敵の敗北をとりこぼさない。このため勝兵は先に勝利（を確実に）して、そののちに戦いを求める。敗兵は先に戦って、そののちに勝利を求める[一六]。

[一〇] まだ表に現れないものを予見するのである。
[一一] 戦いを交えること（は最善ではないの）である。
[一二] （太陽や月や雷鳴は）見聞《みきき》しやすいからである。

[一三]（敵に勝つための）かすかな兆《きざ》しを見つければ勝ちやすい。勝てるものを攻め、勝てないものを攻めない。

[一四] 敵の軍の形ができあがらないうちに勝てば、赫々《かくかく》たる功績はあがらない。戦って勝っても天下の人々はそれを知らない。

[一五] 敵を必ず破れると察しているので、間違わないのである。

[一六]（勝兵は）謀略があり（敗兵は）深慮《しんりょ》がない。

【読み下し】

勝《かち》を見るに、衆人の知る所に過《す》ぎざるは、善の善なる者に非《あら》ざるなり[一〇]。戦ひ勝ちて、天下善《ぜん》と曰《い》ふも、善の善なる者に非ざるなり[一一]。故《ことさら》に秋毫《しうがう》を挙ぐるも、多力と為さず。日月《じつげつ》を見るも、明目《めいもく》と為《な》さず。雷霆《らいてい》を聞くも、聡耳《そうじ》と為さず[一二]。古《いにしへ》の所謂《いはゆる》善く戦ふ者は、勝ち易《やす》きに勝つ者なり[一三]。故に善く戦ふ者の勝つや、智名無く、勇功無し[一四]。故に其の戦ひて勝つは忒《たが》はず。忒はず者《とは》、其《そ》れ必ず勝を措《お》く所なればなり。已《すで》に敗るるに勝つ者なればなり[一五]。故に善く戦ふ者は、不敗の地に立ちて、敵の敗を失はざるなり。是の故に勝兵《しょうへい》は先《ま》づ勝ちて、而《しか》る後に戦《たたかひ》を求む。敗兵は先づ戦ひて、而る後に勝を求む[一六]。

[一〇] 当に未だ萌《きざ》さざるを見るべし。

[一一] 鋒を争ふ者なり。

[一二] 見聞し易ければなり。

〔一三〕微を原《たず》ぬれば勝ち易し。其の勝つ可きを攻め、其の勝つ可からざるを攻めず。
〔一四〕敵の兵の形 未《いま》だ成らざるに之に勝つは、赫赫の功無し。戦ひ勝つも而《しか》も天下は知らざるなり。
〔一五〕敵の必ず敗る可きを察すれば、差《たが》忒はざるなり。
〔一六〕謀《はかりごと》有ると慮《おもんぱかり》無きとなり。

【補注】
○秋毫　兎の秋に生える細い毛のことで、非常に軽いものを譬える。

【解説】

孫子は、よく戦う者は、勝ちやすい相手に、当たり前に勝つ。そのため、勝利には奇策も智謀も勇気も必要ない。必ず勝つことは決まっているからである。先に勝利を確実にしてから戦う、これが戦いに勝つ形である、とする。

論理的には納得できるものの、それではなぜ、戦う前から勝っているのか、という疑問は残る。それは、敵の「形」と自らの「形」を比較して、すでに勝っていると判断できるからである。その基準を『孫子』は、4で五つ挙げていく。

【実戦事例六　官渡の戦い②】

「敗兵は先づ戦ひて、而る後に勝を求む」

官渡の戦いの後日譚《ごじつたん》である。官渡の戦いに向かおうとする袁紹に、部下の田豊《でんぽう》は言った。

曹公《そうこう》はよく兵を用い、軍が変化すること形が無く、兵は少ないといっても、軽んじることはできません。そのため持久戦を取るのがよろしいでしょう。将軍（袁紹）は、山河の固めにより、四州の兵力を擁し、外は英雄と結び、内は農事と兵事を修め、そののちに精鋭な兵を選び、分けて奇兵《きへい》として、曹公の虚《きょ》に乗じて交替で軍を出し、それにより河南《かなん》を乱し、曹公が右を救えばその左を撃ち、左を救えばその右を撃ち、敵を奔命に疲れさせ、民が生業に安んぜられないようにすれば、われわれは労せずして敵は苦しみ、二年とかからずに、坐して勝つことができるでしょう。いま、廟算《さん》して勝つ策を捨てて、成敗を一戦に決するは、もしうまくいかなかったならば、悔やんでも悔やみきれません（『三国志』巻六　袁紹伝）。

田豊は、曹操の軍隊が変化して形が無いことを警戒している。『孫子』を理解していることは、「廟算して勝つ」（原文では「廟勝」）という言葉からも分かる。田豊の策では、曹操に戦う前に、廟算では勝っていたのである。

しかし、袁紹は従わなかった。田豊は何度も諫めたので、袁紹はたいへん怒り、軍事を邪魔するものとして、田豊を拘禁《こうきん》した。袁紹の軍が敗れると、ある人は田豊に、「君《あなた》は必ず重んじられましょう」と言った。田豊は、「もし軍に利があれば、吾《わたし》は安全でしょう。いま軍は敗れました、吾は死ぬでしょう」と言った。袁紹は帰ると、側近に、「吾は田豊の言葉を用いなかったので、果たして笑われることになった」と言った。そうして田豊を殺した。

　唐の李筌《りせん》は、田豊が戦う前に曹操が勝つことを知っていたとする。そのとおりであろう。しかし、「敗兵」である袁紹は、まず戦い、そして敗れ、さらに田豊を殺したのである。滅亡したのも、当然のことと言えよう。

4「形」で勝つ

　よく兵を用いる者は、（敵が自軍に勝てない）道すじをつくり軍紀《ぐんき》を維持する。このため勝敗を掌握できる〔一七〕。兵法には、第一に度（土地の測量）、第二に量（穀物の秤量《ひょうりょう》）、第三に数（人の展開力）、第四に称（彼我の比較）、第五に勝（勝利）がある〔一八〕。土地（の状況）から計る必要が生まれ〔一九〕、計った結果から（穀物の）量が分かり、量から（その地で動かせる）人数が生まれ〔二〇〕、人数から敵味方の比較が生まれ〔二一〕、敵味方の比較から勝者が生まれる〔二二〕。

〔一七〕よく兵を用いる者は、まず準備して（敵が自軍に）勝てないような道すじを作り、軍紀を維持して、敵が敗れ乱れるのを見逃さない。

〔一八〕勝敗の掌握、用兵の法については、この五事をはかることで、敵の実情を知るべきである。
〔一九〕地の状況によりそれ（が優勢か否か）をはかる。
〔二〇〕地の遠近や広狭を知れば、その（地で動かせる）人数が分かる。
〔二一〕自軍と敵とどちらが優勢かをはかる。
〔二二〕これ（敵と自軍のどちらが優勢か）をはかることで、その勝敗の結果が分かる。

【読み下し】

善《よ》く兵を用ふる者は、道を修めて法を保つ。故に能《よ》く勝敗の政を為《な》す〔一七〕。兵法に、一に曰く度、二に曰く量、三に曰く数、四に曰く称、五に曰く勝と〔一八〕。地は度を生じ〔一九〕、度は量を生じ、量は数を生じ〔二〇〕、数は称を生じ〔二一〕、称は勝を生ず〔二二〕。

〔一七〕善く兵を用ふる者は、先《ま》づ修治して勝つ可《べ》からざるの道を為《な》し、法度《はふど》を保ちて、敵の敗乱を失はざるなり。
〔一八〕勝敗の政、用兵の法には、当《まさ》に此《こ》の五事を以《もっ》て称量《はか》り、敵の情を知るべし。
〔一九〕地の形勢に因《よ》りて之《これ》を度《はか》る。
〔二〇〕其《そ》の遠近・広狭を知れば、其の人数を知るなり。
〔二一〕己と敵と孰《いづ》れか愈《まさ》るを称量《はか》るなり。
〔二二〕之を称量《はか》る、故に其《そ》の勝負の所在を知るなり。

【解説】

孫子が、「形」の基準として掲げるものは、始計篇《しけいへん》の「五事《ごじ》」がそれぞれ独立していたことに対して、連関性を持っている。すなわち、①「度」、土地の測量をすることで、②「量」、穀物の収穫高を判断し、それに基づく③「数」、展開可能な兵力数を想定し、④「称」、自軍と敵軍を比較して、⑤「勝」、勝利に至るというものである。これにより、自軍と敵軍の兵力数の差という最も基本となる「形」を比べることができる。

5　明確な勝利に向けて

このため、勝兵は（重い）鎰《いつ》〔二十四両、約三百八十グラム〕により（軽い）銖《しゅ》〔二十四分の一両、約〇・七グラム〕をあげるようなもので、敗兵は銖により鎰をあげるようなものである[三]。勝者の戦いが、せきとめた水を千仞《せんじん》〔約千五百メートル〕の深さのある谷を切って落とすようになるのは、形によるのである[三四]。

[三]　軽いものは重いものを上げることができない。

[三四]　八尺を仞という。水を千仞（の高さ）から切って落とせば、その勢いは速い。

【読み下し】

故に勝兵は鎰《いつ》を以て銖《しゅ》を称《あ》ぐるが若《ごと》く、敗兵は銖を以て鎰を称《あ》ぐるが若し〔三〕。勝者の戦ふや、積水を千仞《じん》の谿《たに》に決するが若きは、形なり〔四〕。

〔三〕軽は重を挙ぐる能《あた》はざるなり。

〔四〕八尺を仞と曰ふ。水 千仞を決さば、其の勢 疾《はや》きなり。

【解説】

敵軍より優勢な形があれば、せきとめた水を千仞の高さから切って落とすほど、明確に勝利を得られるのである。それでは、優勢な形を持たない軍は、勝利を収めることはできないのであろうか。歴史上には、少数の兵により、多数の兵を破った事例は数多くある。そこで、「形」に続いて兵の「勢《せい》」が議論される。

兵勢篇　第五

孫子は兵勢篇《へいせい》で、勢を巧みに用いることにより、弱体な軍隊であっても、強力な軍隊を破ることができる、という。ただし、1・2は、直接「勢」には論及しない。1では、用兵上の重要な事項として、分数《ぶんすう》・形名《けいめい》・奇正《きせい》・虚実《きょじつ》を挙げる。このうち虚実については、虚実篇があるため、ここでは議論を深めない。2では、正面から戦う「正」により敵と会戦しながら、後から出撃する「奇」により、敵の不備を攻撃して勝利を収める、という。そして、正と奇の組み合わせは無数にあり、敵により定まるとする。ここで奇正の議論は中断され、3でようやく勢の議論が展開される。

3「勢」とは、本来的には弱い水が、大きな石を流していく力のようなものである。軍の「形」を比べ、自軍が弱くとも、勢を得ることができれば、強力な敵を倒すことが可能である、という。4軍隊の強と弱は形であり、勇と怯《おび》が勢である。少数の弱い形しか持たない軍隊が、強大な軍隊に勝利を収めるためには、怯えずに勇気を出せば、勢により勝つことができる。5また勢は、権変《けんぺん》により起こすことができる。弱小の軍隊でも、勢を用いれば、丸い石を千仞の山から転がすように勝利を収められるのである。

1　用兵上の重要事項

兵勢篇第五[一]

孫子にいう、およそ大人数（の軍）を小人数のようにおさめるのは、分数《ぶんすう》（一定の数ごとに編成した部隊で戦うこと）による[二]。大人数（の軍）を戦わせるのを小人数を戦わせるようにするのは、形名《けいめい》（旗印と金鼓を用いて戦うこと）による[三]。三軍《さんぐん》の軍勢が、必ず敵と戦って負けることがないようにできるのは、奇正《きせい》（を組み合わせて戦うこと）による[四]。差し向けた兵が、（容易に敵に勝つことが）砥石《といし》を卵に投げるようなのは、（充実した自軍で空虚な敵軍を攻撃する）虚実《きょじつ》による[五]。

［一］兵を用いるのは勢に任せるのである。
［二］部隊が分であり、什伍《じゅうご》が数である。
［三］旗印を形といい、金鼓《きんこ》を名という。
［四］先に出撃し正面から戦うことが正であり、後から出撃することが奇である。
［五］充実しきっている軍で空虚になりきっている軍を攻撃するのである。

【読み下し】

兵勢第五[一]

孫子曰《いは》く、凡《およ》そ衆を治むること寡《くわ》を治むるが如《ごと》くなるは、分数 是《こ》れなり[一]。衆を闘《たたか》はしむるに寡を闘はしむるが如くなるは、形名 是れなり[二]。三軍の衆、必ず敵を受けて敗るる無からしむ可き者《もの》は、奇正 是れなり[三]。兵の加ふる所、碬《といし》を以て卵に投ぐるが如き者は、虚実 是れなり[四]。

[一] 兵を用ふるは勢《せい》に任《まか》せるなり。
[二] 部曲 分為《た》り、什伍 数為り。
[三] 旌旗を形と曰ひ、金鼓を名と曰ふ。
[四] 先に出でて合して戦ふは正為《た》り、後に出づるは奇為り。
[五] 至実を以て至虚を撃つなり。

【補注】
○勢　君主の地位や権力などから生じる支配的な力を表現するもので、現実にある種の必然性や強制力を伴う。勢には、人の行為によりある程度統御できるものと、それを超えた運命的なものの双方の意味が含まれるが、『孫子』は前者の意味で用い、人為的な叡知《えいち》や戦略を通して、臨機応変《りんきおうへん》に勢を得ることを試みていく。○什伍　十人または五人の隊伍。『礼記《らいき》』祭義《さいぎ》篇に、「軍旅の什伍は、爵《しゃく》を同じくすれば歯《し》（年齢順）を尚ぶ」とある。

【解説】

孫子は、用兵上の重要な事項として、分数・形名・奇正・虚実を挙げ、分数により部隊を組織し、形名により命令系統を明らかにした後に、軍が必ず敵に負けないようにするものが奇正である、という。なお、虚実については、虚実篇で別に説明をしており、ここでは掘り下げて説明することはない。曹操は、奇正について魏武注［四］で、先に出撃し正面から戦うことが正であり、後から出撃することが奇であると説明する。それでは、正面から戦う正と後から出撃する奇をどのように組み合わせて、勝利を収めるのであろうか。

2　奇正の組み合わせ

およそ戦いというものは、正によって（敵と）会戦し、奇によって（傍《かたわら》から敵の不備を攻撃することで）勝利する［六］。そのためよく奇を出す者は、（その戦い方が）窮《きわ》まらないこと天地のようであり、尽きないこと長江《ちょうこう》や海のようである。（奇正が窮まりなく）落ちてもまた昇ることは、太陽や月のようである。（奇正が尽きず）死と生を繰り返すことは、春夏秋冬のようである。（奇正が窮まりのないことは）音は五種類に過ぎないが、五音の変化は、すべてを聞くことができない。色は五種類に過ぎないが、五色の変化は、すべてを見ることができない。味は五種類に過ぎないが、五味の変化は、すべてを味うことができない（ようなものである）［七］。戦いの勢は奇正（の二種類）に過ぎないが、奇正の変化は、すべてを窮めることができない。奇正が互いに生ずることは、循環（する円）の端が無いようなものである。だれが奇正を窮めることができようか。

[六] 正というものは（正面から）敵にあたり、奇というものは傍から（敵の）備えのないところを撃つ。

[七]（「窮まり無きこと天地の如く」より以下の文章は、みな）奇と正が窮まりないことを譬《たと》えている。

【読み下し】

凡そ戦《たたかひ》なる者は、正を以て合し、奇を以て勝つ[六]。故に善《よ》く奇を出《い》だす者は、窮まり無きこと天地の如《ごと》く、竭《つ》きざること江海の如し。終はりて復た始まるは、日月是《こ》れなり。死して復た生ずるは、四時《しいじ》是れなり。声は五に過ぎざるも、五声の変は、勝《あ》げて聴く可からざるなり。色は五に過ぎざるも、五色の変は、勝げて観る可からざるなり。味は五に過ぎざるも、五味の変は、勝げて嘗《な》む可からざるなり[七]。戦の勢は奇正に過ぎざるも、奇正の変は、勝げて窮《きは》む可からざるなり。奇正相生ずるは、循環の端《たん》無きが如し。孰《たれ》か能く之を窮めんや。

[六] 正なる者は敵に当たり、奇なる者は傍《かたはら》より備へざるを撃つ。

[七] 以て奇正の窮まり無きを喩《たと》ふるなり。

【補注】
○五声　宮《きゅう》（ド）・商《しょう》（レ）・角《かく》（ミ）・徴《ちょう》（ソ）・羽《う》（ラ）の五音。○五声の変は…可からざるなり。唐の李筌《りせん》は、五声が変じて八音となり、演奏した曲は、すべては聞くことができないと言っている。○五色　青・黄・赤・白・黒。○五味　酸・辛・鹹《かん》（塩辛い）・甘・苦。

【解説】

孫子は、正面から戦う正により敵と会戦しながら、後から出撃する奇により敵の不備を攻めて勝利を収めるという。正と奇の組み合わせが無数にあるのは、敵のあり方により変化させるためである。正・奇の議論はここで終わり、篇題である勢の話題が始まる。

3　勢とは何か

激しい水の速さが、石を（その流れによって）浮き動かすにいたるのは、勢である。鷙鳥《しちょう》の攻撃が、（獲物を）壊《こわ》し折るのは、（急所を突くよう素早く動く）節《せつ》である〔八〕。こうしたわけでよく戦う者は、その勢が速く〔九〕、その節は近い〔一〇〕。勢は弩《ど》（の弦《げん》）を（ひきしぼって）張るようで、節は（弩の）機《ひきがね》を発するようである〔一一〕。

〔八〕素早く動き敵を攻撃することである。

[九] 険は、疾のようなものである。
[一〇] 短は、近である。
[一一] (敵との距離を) はかって遠くなければ、(弩弓を) 発射すれば (よい場所に) 当たる。

【読み下し】

激水《げきすい》の疾《はやき》、石を漂《ただよ》はすに至る者は、勢なり。鷙鳥《してう》の撃《げき》、毀折《きせつ》するに至る者は、節なり[八]。是《こ》の故に善《よ》く戦ふ者は、其《そ》の勢は険《はや》く[九]、其の節は短《ちか》し[一〇]。勢は弩《ど》を彍《は》るが如《ごと》く、節は機《き》を発するが如し[一一]。

[八] 発起して敵を撃つなり。
[九] 険は、猶《な》ほ疾《はやき》がごときなり。
[一〇] 短は、近なり。
[一一] 度《はか》りて遠からざるに在らば、発すれば則ち中《あ》つるなり。

【補注】
○鷙鳥　鷙《わし》・鷹《たか》などの猛禽《もうきん》類。　○弩　兵器の一つ。クロスボウやボウガンのような兵器。
○機　矢を飛ばす仕掛け。

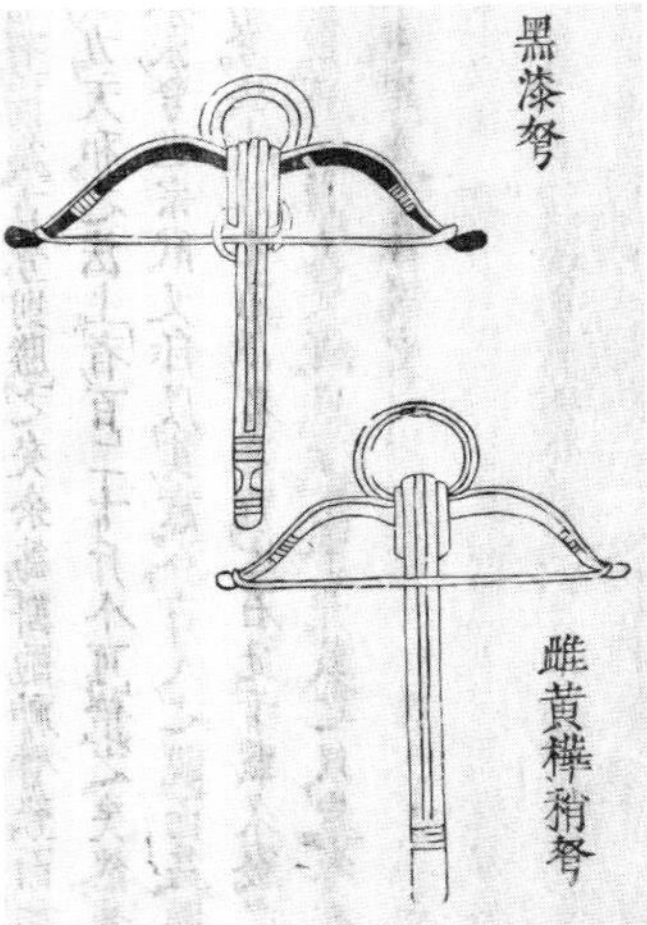

弩（『武備志』巻一百二）

機（呉の呂岱の名が刻まれる）

【解説】

ここでは、二つの比喩で「勢」を説明する。本来的には弱い水が、大きな石を流していく力として「勢」を説明する、最初の比喩は分かりやすい。軍の「形」を比べ、自軍が弱くとも、勢を得ることができれば、強力な敵を倒していくことが可能である、というのである。続く鷙鳥と弩の比喩は、勢が速く、勢を生み出す「節」が近ければ当たりやすいことを表現する。弩から矢が放たれるときの力こそ勢であり、発射をするタイミングと距離が節である。それでは、矢が放たれるときの強力な「勢」をどのように発揮させるのであろうか。

4　勢を生み出す勇

入り乱れ紛糾《ふんきゅう》して、（旗を乱して敵に示し）戦いは乱れても（金鼓《きんこ》により整えるので敵が）乱すことはできない[一二]。渾沌《こんとん》として（戦車や騎馬が転回し）陣形が円になっても（陣への出入りの道が整備されているので敵が）、破ることはできない[一三]。乱は治から生まれ、怯《きょう》は勇から生まれ、弱は強から生まれる（のは自軍の情勢を隠すからである）[一四]。治と乱は、（部隊の名と）数ごとである[一五]。勇と怯は、勢である。強と弱は、形である[一六]。

[一三] 旗を乱して敵に（混乱を）示すが、金鼓により自軍を統制する（から破れないのである）。

[一三] 戦車や騎馬が転回するのである。陣形が円であっても、（陣への）出入の道が整備されている（から破れないのである）。

[一四]（乱は治から、怯は勇から、弱は強から生ずるのは）すべて形をこわし（自軍の）情勢を隠すからである。

[一五]（軍隊編成の）部隊の名と数ごとに治と乱を分担する、そのため（軍全体は）乱すことができないのである。

[一六]（勇怯と強弱は）形と勢がそうさせているのである。

【読み下し】

紛紛紜紜《ふんぷんうんうん》として、闘《たたか》ひ乱《みだ》るれども乱す可からず[一二]。渾渾沌沌《こんこんとんとん》として、形 円《まる》けれども敗る可からざるなり[一三]。乱は治より生じ、怯《けふ》は勇より生じ、弱は強より生ず[一四]。治乱は、数《すう》なり[一五]。勇怯は、勢なり。強弱は、形なり[一六]。

[一二] 旌旗を乱して以て敵に示すも、金鼓を以て之を斉《ととの》ふなり。
[一三] 車騎 転ずるなり。形 円けれども、出入に道の斉整《せいせい》なる有り。
[一四] 皆 形を毀《こぼ》ち情を匿《かく》せばなり。
[一五] 部分の名数を以て之を為す、故に乱す可からざるなり。
[一六] 形勢の宜《よろ》しくする所なればなり。

【補注】

○紛紛紜紜として…可からず。渾渾沌沌として…可からざるなり 『通典《つてん》』巻百四十九 兵二法制および『太平御覧《たいへいぎょらん》』巻二百九十七 兵部二十八 訓兵に引く『孫子』には、「人既専一、則勇者不得独進、怯者不得独退。紛紛紜紜、闘乱而不可乱。渾渾沌沌、形円而不可敗」とあり、軍争《ぐんそう》篇の句と接続されている。そのため、文を軍争篇に移動して解釈する学説もある。一方で、『太平御覧』巻二百八十二 兵部十三 機略一には、「勢如彍弩、節如発機。紛紛紜紜、斗乱而不可乱。渾渾沌沌、形円而不可敗也」とあり、底本と若干の文字の異同はあるものの、行文は底本と変わらない。そこで、本書では、そのままの場所で訳した。

【解説】

軍隊の強と弱は「形」として表現されるが、軍隊の勇と怯は「勢」となる。少数の弱い形しか持たない軍隊が、強大な形を持つ軍隊に勝利するためには、怯《おび》えずに「勇」を出すことにより、「勢」がつき、勝つことができるようになる。なお「勇」は、勇気という日本語からも分かるように、「気《き》」によって起こす。気については軍争《ぐんそう》篇で扱うことになる。

5　権変により起こす勢

そのためよく敵を動かす者は、こちらの形（の不備）をみせ、敵に必ずこれに従わせる[一七]。敵に（利を）与えて、敵に必ずこれを取らせる[一八]。利により敵を動かし、本（来の形）により敵を待つ[一九]。そのためよく戦う者は、戦いを勢に求め、（権変《けんぺん》によるので）人に求めない。そのため人を選び（権変により起こる）勢に任せるのである[二〇]。勢に任せる者は、任命した人に戦わせるさまが、木や石を転がすようである。木や石の性質は、安定していれば静止し、不安定であれば動き、四角《しかく》ければ止まり、丸ければ転がりゆく[二一]。そのためよく人に戦わせる勢は、丸い石を千仞《せんじん》の山から転《ころ》がすようなもので、（それが）勢なのである。

[一七]（敵にこちらの）形が疲弊しているのを現すのである。

［一八］利により敵を誘えば、敵は遠く土塁《どるい》より離れる。そこで有利な勢により空虚で孤立した敵を撃つのである。

［一九］利により敵を動かすのである。

［三〇］勢に求めるとは、権変によるからである。人に求めないとは、権変が明らかだからである。

［三一］自然の勢に任《まか》すのである。


【読み下し】

故に善《よ》く敵を動かす者は、之《これ》を形《あらは》して、敵に必ず之に従はしむ［一七］。之を予《あた》へて、敵に必ず之を取らしむ［一八］。利を以《もっ》て之を動かし、本を以て之を待つ［一九］。故に善く戦ふ者は、之を勢に求め、人に責《もと》めず。故に能く人を択《えら》びて勢に任《まか》す［三〇］。勢に任す者は、其《そ》の人に戦はせるや、木石を転ずるが如《ごと》し。木石《ぼくせき》の性は、安《やす》ければ則ち静、危《あや》ふければ則ち動、方《しかく》なれば則ち止《とどま》り、円《まる》ければ則ち行く［三一］。故に善く人に戦はせるの勢、円石を千仞《せんじん》の山に転ずるが如き者は、勢なり。

［一七］形の羸《つか》れたるを見《あら》はすなり。

［一八］利を以て敵を誘《さそ》へば、敵 遠く其の塁より離《はな》る。而《しか》して便勢を以て其の空虚孤特なるを撃つなり。

［一九］利を以て敵を動かすなり。

［三〇］之を勢に求む者《とは》、専ら権《けん》に任ずればなり。人に責《もと》めず者《とは》、権変《けんぺん》明らかなればなり。

［三一］自然の勢に任《まか》すなり。


【補注】
○権変　ここでは臨機応変に行う権謀と変化のこと。

【解説】

戦いは人ではなく、権変により起こす「勢」による。権変では、わざとこちらの形の不備を見せ、敵に利を与え、敵を動かし、本来の形で敵を待つという虚実《きょじつ》を用いる。これにより、少数の弱い「形」しか持たない軍隊でも、勢を用いれば、丸い石を千仞の山から転がすように勝利を収められるのである。


【実戦事例七　白馬の戦い②】

「之を予《あた》へて、敵に必ず之を取らしむ」

曹操と袁紹《えんしょう》との天下分け目の官渡《かんと》の戦いの前哨戦である白馬《はくば》の戦いでは、関羽《かんう》が顔良《がんりょう》を討ち取った後、荀攸《じゅんゆう》の計略により、袁紹の武将である文醜《ぶんしゅう》を討ち取っている。

延津《えんしん》で渡河するふりをして、白馬に向かった曹操軍に置き去りにされた袁紹の主力は、黄河を渡り、延津の南に軍を進めて、曹操を追撃する。騎兵が先行して、縦に長い追撃態勢である。このとき白馬に向かった曹操軍の輜重《しちょう》（軍事物資や金品）は道中にあった。諸将は、「敵の騎馬が多いので、陣営に戻った方がよい」と言った。荀攸は、「これは敵に餌《えさ》を与えるためである。どうして戻れようか」と言った。袁紹の将である文醜と劉備《りゅうび》（このとき袁紹軍の配下であった）が五、六千騎を率いて前後に続いた。二人の配下の騎兵たちが輜重に赴き、たかるものが出始めると、曹操は全軍に攻撃を命じ、六百あまりの騎兵で顔良と並ぶ袁紹軍の勇将文醜を討ち取ったのである。

ここで曹操、あるいは立案者の荀攸が用いているのは、「之を予《あた》へて、敵に必ず之を取らしむ」である。魏武注［一八］が、「利により敵を誘えば、敵は遠く土塁《どるい》より離れる。そこで有利な勢により空虚で孤立した敵を撃つのである」と説明するとおり、袁紹軍の騎兵に輜重という利を食わせて、曹操は文醜を斬ったのである。

【実戦事例八　合肥の戦い】

「能く人を択びて勢に任す」

赤壁《せきへき》の戦いのあとも、曹操と孫権《そんけん》は長江を挟んで対決した。合肥《ごうひ》の戦いで活躍し、逍遥《しょうよう》津《しん》にその名を轟かした者は張遼《ちょうりょう》であった。

赤壁の戦いから四年、水軍の調練をかさねた曹操は、建安《けんあん》十八（二一三）年、濡須口《じゅしゅこう》まで南下して、夜襲をかけた。しかし、孫権に迎え討たれ、大敗を喫する。曹操は、合肥の守りを固めて引きあげた。

建安二十（二一五）年、曹操が漢《かん》中《ちゅう》に出征すると、今度は孫権が十万の兵で合肥を攻撃した。合肥の守兵は、約七千に過ぎない。しかし、曹操は孫権の行動を予想し、護軍《ごぐん》の薛《せつ》悌《てい》に、「張遼と李典《りてん》は城を出て戦い、楽進《がくしん》は戦ってはならない」という命令書を手渡していた。曹操は、『孫子』魏武注を補うものとして、兵法書の抜き書きである『兵書《へいしょ》接《せつ》要《よう》』を将軍に渡して勉強させたうえで、その時々に軍令書を出して戦いの変化に対応した。

張遼は、勇士八百を募ると、陣頭にたって攻め込み、孫権を窮地におとしいれた。孫権は慌《あわ》てふためき、護衛の兵士もなす術を知らず、丘に登り、長戟《ちょうげき》を持った兵士たちが孫権

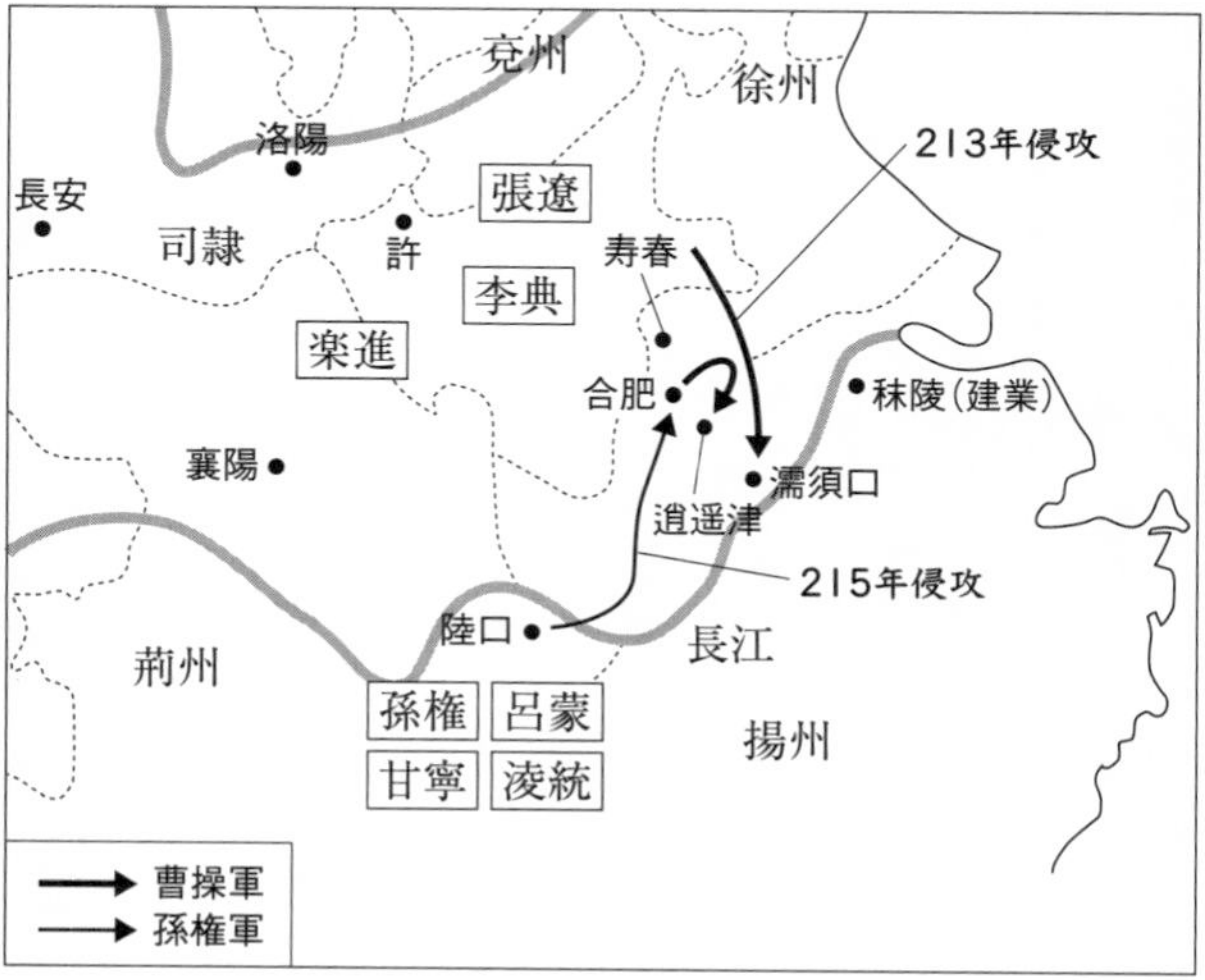

を取り囲んで、張遼を寄せつけないようにするのが精一杯であった。張遼は、城に戻って守りを固め、孫権は十数日包囲をしたが、あきらめて退却した。

その帰り道、孫権は逍遥津で再び張遼の急襲を受けた。張遼は、押し合いへし合いする孫権軍に突入し、片っ端から斬りまわり、孫権の将軍旗を奪った。甘寧《かんねい》・呂蒙《りょもう》らの奮戦と、淩統《りょうとう》の決死の突入により、孫権は逃れることができたが、淩統の部下三百余名が討ち死にし、淩統自身も深手を負ったという。

これは、「能く人を択びて勢に任す」である。魏武注〔三〇〕で、「勢に求めるとは、権変による」と説明するように、曹操は十万の軍勢に七千人で守る合肥から奇襲をかけるという「権変」により、「勢」を得て、圧倒的に少数であるという「形」を「勢」で打ち破ったのである。実は、李典と張遼とは、個人的には不仲であった。曹操は、『孫子』の「戦いを勢に求め、（権変によるので）人に求めない」という兵法どおりに、孫権を打ち破ったのである。

【実戦事例九　呉の平定】

「円石を千仞の山に転ずるが如き者は、勢なり」

曹魏の景元《けいげん》四（二六三）年、蜀漢は曹魏の実権を握る司馬昭《しばしょう》（司馬懿の子）により滅ぼされた。司馬昭の子である司馬炎《しばえん》は、咸煕《かんき》二（二六五）年、曹魏の禅譲を受けて、西晋《せいしん》を建国し、元号を泰始《たいし》と改めた。

　一方、孫呉は、孫権の晩年、二宮《にきゅう》事件と呼ばれる後継者問題により陸遜《りくそん》を憤死させるなど、国力の低下は否めず、その存続は魏の内紛に助けられたと言ってよい。曹魏滅亡の前年に即位した孫晧《そんこう》は、英傑と評され、孫呉の期待を集めた君主であった。しかし、即位後の孫晧は暴虐を極め、内政は混乱した。それでも、陸遜の子である陸抗《りくこう》は、西晉の羊祜《ようこ》と認め合いながらも、国境を死守していた。

　陸抗が没し、羊祜の後任の杜預《どよ》は、荊州《けいしゅう》から討呉の準備を進め、益州刺史《えきしゅうしし》の王濬《おうしゅん》は蜀より船で攻め下る策を練っていた。咸寧《かんねい》六（二八〇）年、司馬炎は、討呉を決意すると、杜預を大都督《だいとく》として陸路の軍を率いさせ、王濬には水軍を任せた。杜預は、呉を討伐する軍議で、「今の兵卒の勢は、すでに完成して、竹を破るように刃を数節入れれば、竹は自ら割れます。手で切ることがないのは、勢によ

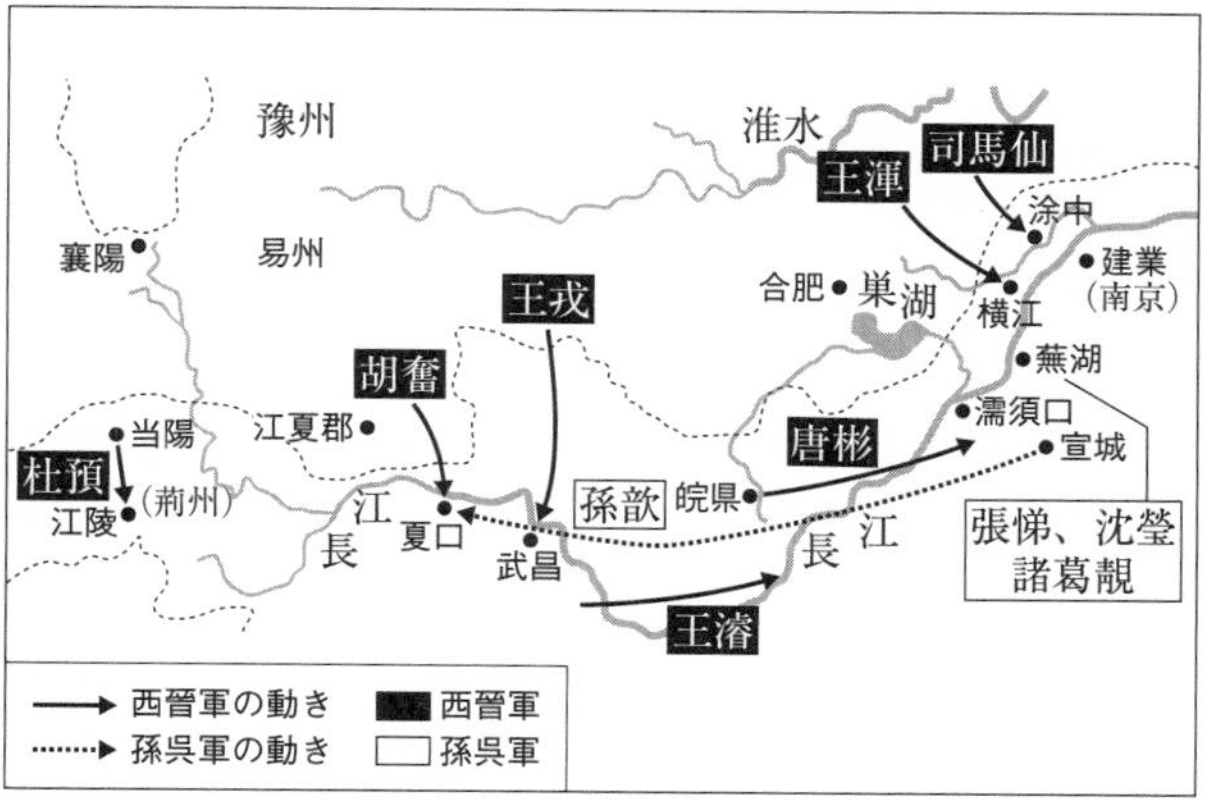

ります。勢は、失うことができません」と言った。

一方、孫呉の丞相《じょうしょう》の張悌《ちょうてい》は、左将軍の沈瑩《しんえい》と右将軍の諸葛靚《しょかつせい》に晋軍を迎撃させたが、兵力差は如何ともし難かった。孫晧は、晋軍がすでに城内に入ったと聞いて、自刎《じふん》しようとした。中書令《ちゅうしょれい》の胡沖《こちゅう》と光禄勲《こうろくくん》の薛瑩《せつえい》は、「陛下はどうして安楽公劉禅の例にならわれないのですか」と止めた。孫晧はこれに従い、文武の官僚を引き連れて降伏する。こうして三国は、西晋により統一された。

ここでは、兵力が優勢な、すなわち「形」の優越している晋軍が、「勢」においても孫呉を圧倒していた。したがって、『孫子』がいう、「丸い石を千仞《せんじん》の山から転がすように」孫呉を滅ぼすことができた。それを杜預は、竹が自分から破れていくと表現したのである。「破竹の勢い」という故事成語の起源である。

虚実篇　第六

戦いにおいて虚実とは、1先に戦地に着き、人を至らせ、余裕があり、満腹していて、楽をするのが実、後から戦地に着き、人に至らせられ、疲弊して、飢えていて、動かさせられるのが虚である。敵を虚に追い込めば、勝利を得られる。さらに高次になると、2自らが主体的に「虚」となる。「虚」となった軍は、無形《むけい》となり、無声《むせい》になる。3自軍が「無形」となれば情勢は漏れず、敵は「虚」となった自軍が至る場所を把握できない。4自軍が「虚」になり「無形」を実現できれば、敵には形を現させて、自軍は戦力を集中させて敵を分断できる。自軍が「無形」であれば、敵に居場所を知られることもなく、敵の前後左右どこからでも攻められる。そうなれば、自軍が少数であったとしても、敵との多数・少数の差異は相対化し、あるいは逆転できる。

5「無形」になることを試みるのは、自軍だけではない。敵を「無形」にしないためには、敵の情報を知る必要がある。そこで策略をめぐらし、力を加えて敵の形を現させなければならない。6軍が「無形」になるのは形の極致で、無形であれば間者《かんじゃ》にも智者にも見抜かれない。7兵の形を水に近づけることで、「無形」に至り得る。そのため、軍に常形《じょうけい》・常勢《じょうせい》を持たせないためには、敵の形に対応できる神《しん》の力を備える将軍が必要なのである。

『孫子』は、軍形篇第四・兵勢篇第五・虚実篇第六の三篇で、勝利を収める方法として、「形《けい》」・「勢《せい》」・「虚実《きょじつ》」という三つの概念を関連させて論ずる。敵の形と勢、虚実を把握し、それに応じて自軍の形と勢、虚実を組み上げて、臨機応変の戦法を立てて勝利を収めていくのである。

1 虚と実

虚実篇第六[一]

孫子がいう、およそ先に戦地に着き敵を待つ者は余裕があり[二]、後から戦地に着き戦いに赴く者は疲弊する。そのためよく戦う者は、人を至らせるようにして人に至らせられない[三]。敵に自分から至るようにさせるのは、敵に利を与えるからである。敵に至らせられないのは、敵に害を与えるからである[四]。このため敵に余裕があれば敵を疲弊させ[五]、満腹していれば敵を飢えさせ[六]、楽をしていれば敵を動かす[七]。

[一] 敵と自軍の虚と実をはかるのである。
[二] (佚とは)力に余裕があるからである。
[三] 敵を誘うには(敵の)有利になるようにするのである。
[四] 敵の必ず行く所に出て、敵の必ず救う所を攻め(敵の待ち受けている所から敵を動

かし、自分が至らせられなくす）るのである。

［五］（敵を疲弊させる）事により敵を悩ませるのである。

［六］（敵を飢えさせるには）敵の兵糧（を運ぶための）の道を絶つのである。

［七］敵の必ず要《かなめ》とする所を攻め、敵の必ず行く所に出て、敵に（そこを）救わざるを得なくさせるのである。


【読み下し】

虚実第六［一］

孫子曰く、凡《およ》そ先に戦地に処《を》りて敵を待つ者は佚《いつ》し［二］、後に戦地に処りて戦《たたかひ》に趨《おもむ》く者は労《らう》す。故に善《よ》く戦ふ者は、人を致《いた》して人に致されず。能《よ》く敵人をして自ら至らしむる者は、之《これ》を利《り》すればなり［三］。能く敵人をして至るを得ざらしむる者は、之を害すればなり［四］。故に敵佚《いつ》すれば能く之を労し［五］、飽《あ》けば能く之を飢《う》ゑしめ［六］、安《やす》んずれば能く之を動かす［七］。


［一］能く彼己《ひき》を虚実するなり。

［二］力余《あまり》有ればなり。

［三］之を誘《さそ》ふに利を以てするなり。

［四］其《そ》の必ず趨《おもむ》く所に出《い》で、其の必ず救ふ所を攻む。

［五］事を以て之を煩《わづら》はしむるなり。

［六］其の糧道を絶つなり。

［七］其の必ず愛する所を攻め、其の必ず趨く所に出でて、敵をして相《あい》救はざるを得ざらしむるなり。

【補注】
○虚実 「銀雀山本」では、篇名を「虚実」ではなく「実虚」とする。○能く敵人をして… 曹操は、河北を攻め、軍隊を頓丘《とんきゅう》に布陣した。黒山賊《こくざんぞく》の于毒《うどく》らが東武陽《とうぶよう》を攻めると、曹操は兵を率いて西に向かい山に入り、于毒の本陣を攻撃した。于毒はこれを聞くと、東武陽への攻撃を放棄して帰還した。曹操はこれを待ち伏せ、大いにこれを撃破している（『三国志』巻一 武帝紀）。○飽けば能く… 唐の杜牧《とぼく》は、敵を飢えさせる術は、糧道《りょうどう》を絶たなくとも、飢えさせられればよいとして、司馬昭《しばしょう》が、諸葛誕《しょかつたん》を包囲した事例を挙げる。司馬昭は、わざと自軍の弱った様子を見せ、諸葛誕にたくさん食べさせ、城中の食糧を尽きさせたという（『晉書』巻二 文帝紀）。○安んずれば能く… 司馬懿《しばい》は、遼東《りょうとう》の公孫淵《こうそんえん》を討伐したとき、すでに陣を整えて待ち受ける公孫淵に対して、そこへは行かずに公孫淵の拠点である襄《じょう》平《へい》に向かい、公孫淵の軍を動かして勝利をしている（『三国志』巻三 明帝紀）。

【解説】
ここでは、「虚」・「実」という言葉は直接用いないが、その概念を背景に対照的に議論が進められる。先に戦地に着き、人を至らせ、余裕があり、満腹していて、楽をするのが

「実」である。逆に、後から戦地に着き、人に至らせられ、疲弊して、飢えていて、動かさせるのが「虚」である。敵を「虚」に追い込むには、利を与えて自分から虚に至らせる。あるいは敵の急所を攻める。そうすれば、少数の兵であっても、敵に勝つことができる。

2　虚の効用

敵の行かない所に出て、敵の思わない所に行く。千里を行っても疲弊しないのは、無人の地を行くためである[八]。攻めれば必ず取る（ために最も良い）のは、敵が守っていない所を攻めることである。守れば必ず固い（ために最も良い）のは、敵が攻めない所を守ることである。そのためよく攻める者は、敵がどこを守ればよいか分からない。よく守る者は（情勢が漏れないので）、敵がどこを攻めればよいか分からない[九]。微《かす》かであるかな、微であるかな、（虚となった軍は）無形〔気配もない状態〕に至る。霊妙《れいみょう》であるかな、霊妙であるかな、（虚となった軍は）無声に至る。そのため敵の命運を掌握できるのである。

［八］（敵の）空疎な所に出て（敵の）虚を撃ち、敵の守っている所を避け、敵の思っていない所を撃つのである。

［九］（自軍の）情勢が漏れないためである。

【読み下し】

其《そ》の趨《おもむ》かざる所に出《い》で、其の意《おも》はざる所に趨く。行くこと千里にして労《ろう》せざる者は、無人の地を行けばなり[八]。攻めて必ず取る者は、其の守らざる所を攻むればなり。守りて必ず固き者は、其の攻めざる所を守ればなり。故に善《よ》く攻むる者は、敵 其の守る所を知らざるなり。善く守る者は、敵 其の攻むる所を知らざるなり[九]。微《び》なるかな微なるかな、無形に至る。神《しん》なるかな神なるかな、無声に至る。故に能《よ》く敵の司命《しめい》と為《な》る。

［八］空《くう》に出で虚を撃ち、其の守る所を避け、其の意《おも》はざるを撃つなり。

［九］情 泄《も》れざればなり。


【補注】
○無形 『老子』四十一章に、「この上なく大きな音は声《おと》がなく、この上なく大きな象《しょう》は形がない（大音は希声、大象は無形なり）」とあるような黄老《こうろう》思想を背景としている。「無形」というのは、何もなくなるわけではない。この上もなく大きく変幻自在《へんげんじざい》であることにより、「常」なる形がないのである。○無声 ここでは気配もないこと。無声が最上の状態であることは、『老子』十四章に見える。

【解説】

敵が守っていない所、すなわち虚を攻めれば、敵を破ることができる。ただこれは、虚をマイナスに捉えており前段と同じである。より高次の虚では、主体的に虚になり、敵に形を現さない。「虚」となった軍は、「無形」となり、「無声」になるという。

【実戦事例十　蜀漢滅亡】

「無人の地を行く」

曹魏の実権を掌握する司馬昭《しばしょう》は、魏晋《ぎしん》革命の実現に向けて、大きな功績をあげる必要があった。そのころ、蜀漢では、後主劉禅《りゅうぜん》がようやく政治に飽き、宦官《かんがん》の黄皓《こうこう》を寵愛していた。軍を掌握する姜維《きょうい》は、たび重なる北伐とその失敗により孤立化し、陳寿《ちんじゅ》の師である譙周《しょうしゅう》は「仇国《きゅうこく》論《ろん》」を著して北伐に反対していた。

こうした蜀漢の状況を見た司馬昭は、鍾会《しょうかい》と鄧艾《とうがい》に蜀漢を攻撃させる。このとき姜維は、沓中《くっちゅう》で屯田をしていた。魏軍の出発を知った姜維からの急報は、黄皓に握り潰された。返書すら受け取れない

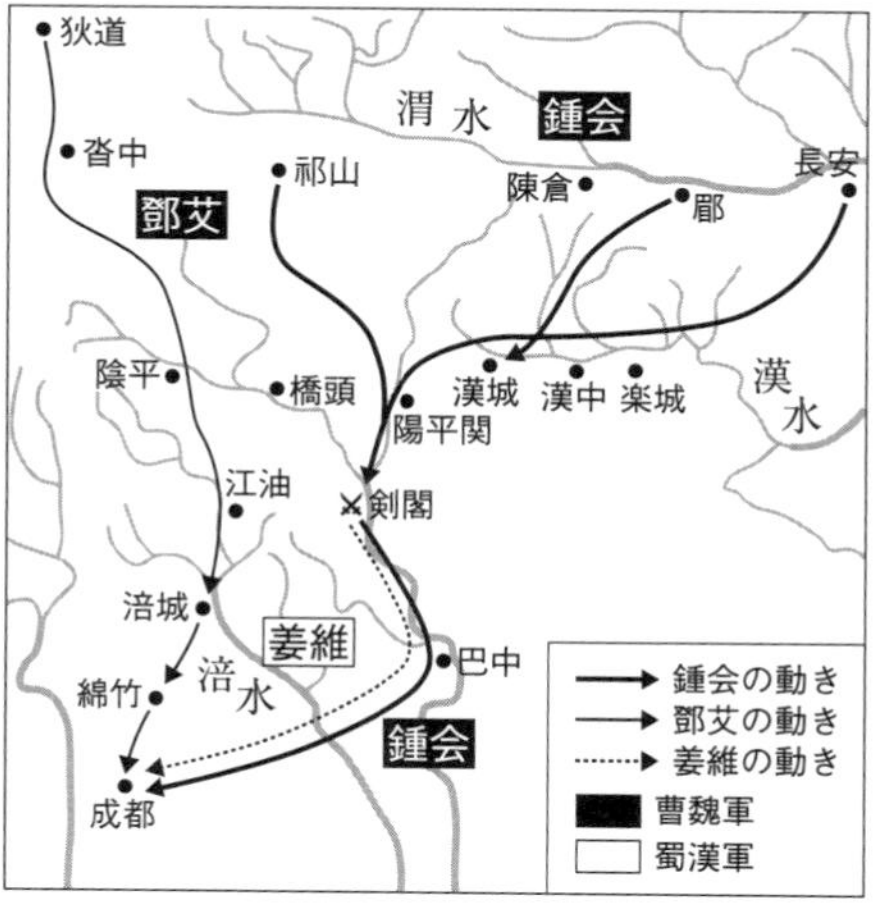

姜維は、苦戦の後やむなく剣閣《けんかく》に立て籠もる。その間、姜維の背後にまわった者が鄧艾である。鄧艾は陰平《いんぺい》より道無き道を進み、「無人の地を行く」ことにより、江油《こうゆ》を取った。綿竹《めんちく》が落ちれば、成都まで一直線である。

劉禅は、諸葛亮の息子である諸葛瞻《しょかつせん》に七万の兵を与えて綿竹で鄧艾を迎え撃つ。諸葛瞻は、自ら軍勢を率いて鄧艾軍へ突撃する。諸葛瞻は矢に当たって落馬すると絶叫した。「わたしは、力尽きた。死んで国家にご恩返しするだけである」。こうして剣を抜き、自刎《じふん》して果てた。城壁の上にいた諸葛尚は、父の死を見届けると、馬に鞭《むち》打って出撃し、戦場で死んだ。鄧艾はその忠義に感動して、諸葛瞻父子を合葬した。

3　無形の防御

（自軍が）進んで（敵が）防御できないのは、敵の虚を衝《つ》くからである。（自軍が）退いて（敵が）追撃できないのは、速くて追いつけないからである[一〇]。そのためこちらが戦おうと思えば、敵が土塁《どるい》を高くし塹壕《ざんごう》を深くしても、こちらと戦わざるを得ないのは、敵の必ず救わなければならない所を攻めるためである[一一]。こちらが戦おうと思わなければ、地に境界線を引いて守（る程度であ）っても[一二]、敵がこちらと戦えないのは、（利害を示して疑わせることで）敵が（本来）行く道とちがったものになるためである[一三]。

[一〇]　いきなり行って敵の備えなく怠《おこた》っているところに進攻し、退くこともまた速いため

である。

［一一］敵の糧道《りょうどう》を絶ち、敵の帰路を見張って敵の君主を攻めるからである。

［一二］軍は煩雑《はんざつ》になることを望まないからである。

［一三］乖は、戻《もとる》である。（敵が）攻めたい道とちがったものになるのは、（そこを攻めた場合の）利害を示して、敵に疑わせるからである。

【読み下し】

進みて禦《ふせ》ぐ可からざる者は、其の虚を衝《つ》けばなり。退きて追ふ可からざる者は、速くして及ぶ可からざればなり［一〇］。故に我 戦はんと欲せば、敵 塁を高くし溝を深くすと雖《いへど》も、我と戦はざるを得ざる者は、其の必ず救ふ所を攻むればなり［一一］。我 戦はんと欲せざれば、地を劃《くわく》して之を守ると雖も［一二］、敵 我と戦ふを得ざる者は、其の之《ゆ》く所に乖《もと》ればなり［一三］。

［一〇］卒《には》かに往きて其の虚懈《きょかい》に進攻し、退くも又 疾《はや》ければなり。

［一一］其の糧道を絶ち、其の帰路を守《みは》りて其の君主を攻むればなり。

［一二］軍は煩《はん》なるを欲せざればなり。

［一三］乖は、戻《れい》なり。其の道に戻《もと》るは、示すに利害を以てし、敵をして疑はしむればなり。

【補注】

○敵 我と戦ふを得ざる者は…　漢中《かんちゅう》で劉備と曹操が争った際、劉備の武将である趙雲《ちょううん》は、あえて城を防御せず、曹操は伏兵を疑って撤退した。劉備は趙雲を「一身これ胆《きも》なり」と高く評価した（『三国志』巻三十六 趙雲伝注引『趙雲別伝』）。

【解説】
自軍が「無形」となれば情勢は漏れず、敵は「虚」となった自軍が至る場所を把握できない。その結果、自軍は敵の命運を掌握できる、とするのである。

4 無形の攻撃

このように敵に形を現させて自軍は形がなければ、自軍は（戦力を）集中させて敵は分散し、自軍は（戦力を）集中して一となり、敵は分散して十になる、これにより（自軍の）十（の戦力）によって敵の一（の戦力）を攻めることになる。そうであれば自軍は多数で敵は少数なので、多数（の軍勢）により少数（の軍勢）を攻撃すれば、自軍と戦うのは、少ない軍勢である。（形がないので）自軍が（敵）と戦う地は、（敵が）知ることはできない。（地を）知ることができなければ、敵が（自軍に）備える場所は多数で、敵の備える場所が多数であれば、自軍と戦う（敵の）兵は、少数である。このため（敵は）前方に備えれば後方が手薄になり、後方に備えれば前方が手薄になり、左に備えれば右が手薄になり、右に備えれば左が手薄になる。備えるところがなければ、（防御が）手薄になることはない。（兵が）少数なのは、敵に備える者である。（兵が）多数なのは敵に自軍に対して備えさせる者である[一三]。

[一四] 上（文）の言うところは（自軍の）形が隠れ敵が（自軍の動きを）疑えば、（敵は）その軍勢を分散し、自軍に備えるということである。

【読み下し】

故に人を形《かたち》あらしめて我は形無ければ、則ち我は専《もっぱ》らにして敵は分《わ》かれ、我は専らにして一《いつ》と為《な》り、敵は分かれて十と為る、是《こ》れ十を以て其《そ》の一を攻むるなり。さすれば則ち我は衆《おほ》くして敵は寡《すくな》く、能《よ》く衆きを以て寡きを撃たば、則ち吾の与《とも》に戦ふ所の者は、約《やく》なり。吾の与に戦ふ所の地は、知る可《べ》からず。知る可からざれば、則ち敵の備ふる所の者は多く、敵の備ふる所の者　多ければ、則ち吾の与に戦ふ所の者は、寡きなり。故に前に備ふれば則ち後　寡く、後に備ふれば則ち前　寡く、左に備ふれば則ち右　寡く、右に備ふれば則ち左　寡し。備へざる所無くんば、則ち寡からざる所無し。寡き者は、人に備ふる者なり。衆《おほ》き者は、人をして己《おのれ》に備へしむる者なり[一四]。

[一四] 上の謂《い》ふ所は形　蔵《かく》れ敵　疑へば、則ち其の衆を分離し、以て我に備ふるなり。

【補注】

○曹操の注が、細かい部分に付けられず、最後にまとめとして付けられているように、この部分は、『孫子』の文章が具体的に書かれていて、分かりやすい。

【解説】

自軍が「虚」になり「無形」を実現できれば、敵には形を現させて、自軍は戦力を集中させて敵を分断できる。自軍が「無形」であれば、敵に居場所を知られることもなく、敵の前後左右どこからでも攻められる。そうなれば、自軍が少数でも、敵との数的差異は相対化する。それでは、どうすれば、自軍を「無形」にできるのであろうか。

5　敵の情報を知る

さて戦いの地を知り、戦いの日を知れば、千里であっても会戦できる[一五]。戦いの地を知らず、戦いの日を知らなければ、（軍の）左は右を救えず、右は左を救えず、前方は後方を救えず、後方は前方を救えない。ましてや（軍の端《はし》から端まで）遠いものは数十里、近いものでも数里ある（ためどうしてそれを救援できようか）。呉《ご》が戦い（の日と地）をはかれば、越《えつ》の兵が多いとはいえ、どうして（越が）勝利できようか[一六]。このため、「勝ちをなすことはできる。（したがって）敵が多いといっても、（敵を）戦わせないようにすべきなのである」と言うのである。そのため敵について策略をめぐらして得失の計を知り、敵に（力を）くわえて動静の理を知り、敵の形を現させて死生の地を知り、敵をはかって充実と不足の所を知るのである〔一七〕。

〔一五〕（敵の戦力や地形を）はかることにより、（敵の）空虚なところや会戦する日を知るのである。

〔一六〕呉と越は、仇国《きゅうこく》であるからである。

〔一七〕角は、量《はか》るという意味である。

【読み下し】

故に戦《たたかひ》の地を知り、戦の日を知らば、則ち千里なるも而《しか》も会戦す可し〔一五〕。戦の地を知らず、戦の日を知らざれば、則ち左は右を救ふ能《あた》はず、右は左を救ふ能はず、前は後を救ふ能はず、後は前を救ふ能はず。而るに況《いは》んや遠き者は数十里、近き者は数里なるをや。呉《ご》の之を度《はか》るを以て、越人《えつじん》の兵多しと雖《いへど》も、亦た奚《なん》ぞ勝《かち》に益あらんや〔一六〕。故に曰く、「勝《かち》は為す可きなり。敵衆《おほ》しと雖も、闘《たたか》ふこと無からしむ可し」と。故に之を策《はか》りて得失の計を知り、之を作《な》して動静の理を知り、之を形あらしめて死生の地を知り、之を角《はか》りて有余・不足の処を知る〔一七〕。

〔一五〕度量するを以て、空虚・会戦の日を知る。

〔一六〕呉・越は、讐国《しゅうこく》なればなり。

〔一七〕角は、量るなり。

【補注】
○呉の之を…、越人の兵…　唐の李筌《りせん》は、「越」を「過」の字であるとし、北宋の張預《ちょうよ》は、「呉」を「吾」であるとする。しかし、魏武注が「呉」「越」としているので、これらの変更には従わない。○勝は為す可きなり　軍形篇《ぐんけい》には、「勝は知る可くして、為す可べらず」とある。曹操は、軍形篇の魏武注では、軍形は知ることはできるがなすことはできないという、その理由を敵に備えがあるためとする。一方、本章の注では、こちらが戦う日時や地形を知悉《ちしつ》することが、敵への抑止力となるため、敵に戦いを仕掛けられないようにできると解釈する。すなわち、魏武注は、敵よりも優位に立つには情報を重視するとして、一見矛盾に見える『孫子』の本文を整合的に解釈しているのである。○動静の理を知り　北宋の張預は、諸葛亮《しょかつりょう》が五丈原《ごじょうげん》で司馬懿《しばい》に婦人の巾を贈ったことを動静を知ろうとした事例とする。
○有余・不足の処を知る　唐の杜牧は、司馬懿が孟達《もうたつ》を攻めたときは昼夜兼行で孟達を斬り、公孫淵《こうそんえん》を攻めたときはゆっくり攻めた理由として、孟達は兵が少なく食糧が多く、公孫淵は兵が多く食糧が少ない、としたことをこの事例とする。

【解説】

「無形」を試みるものは、自軍だけではない。敵を「無形」にしないためには、敵の情報を知る必要がある。そこで策略をめぐらし、力を加えて敵の形を現させなければならない。

6　無形になるには

このように軍の形を現すことの極致《きょくち》は、無形にある。無形であれば熟練の間者《かんじゃ》も（形を）窺《うかが》えず、智者でもはかれない。（自軍の無形の）形によって勝ちを兵に見せても、兵は知ることができない[二八]。人はみな自軍が勝った（相手の）形は（現れているので）知っているが、自軍が勝利を制した形を（無形であるので）知る者はいない[二九]。そのため敵に勝つのに二度（同じ形で勝つこと）はなく、形は（敵に応じて）限りなく対応する[三〇]。

[二八] 敵の形によって勝利を立てるのである。

[二九] 一つの形ではあらゆる形には勝てない。そのため勝ちを制する者について、人はみな自軍が勝つ理由を知っていても、自軍が敵の形に応じて勝利を制したことを知る者はいない。

[三〇]（軍の形の）動きを重複させずに敵に応じるのである。

【読み下し】

故に兵を形《かたち》あらしむるの極《きょく》は、無形に至る。無形なれば則ち深間《しんかん》も窺《うかが》ふ能《あた》はず、智者も謀《はか》る能はず。形に因《よ》りて勝《かち》を衆に措《お》くも、之《こ》れ知る能はず[二八]。人は皆　我の勝つ所以《ゆゑん》の形を知るも、吾の勝を制する所以の形を知るものは莫し[二九]。故に其《そ》の戦ひ勝つこと　復《ふたたび》せずして、形を無窮《むきゅう》に応ず[110]。

[一八] 敵の形に因りて勝《かち》を立つ。

[一九] 一形を以《もっ》て万形に勝たず。故に勝を制する者は、人皆吾の勝つ所以を知るも、吾の敵の形に因りて勝を制するを知るは莫《な》きなり。

[三〇] 動を重復せずして之に応ずるなり。

【解説】

軍が「無形」になるのは形の極致で、無形であれば間者にも智者にも見抜かれない。したがって、無形で勝っても兵は認識できない。しかも、形は相手により変わるので、常にこのようにすれば無形になる、という具体例や法則を挙げることもできない。魏武注[一九]は、これを一つの形ではあらゆる形には勝てない、と説明する。曹操が、『老子』を深く理解して、「無形」を正確に解釈していることを理解できよう。

7　無形と水

そもそも軍の形は水に似ている。水の形は、高いところを避けて低いところに行き、軍の形は、実を避けて虚を攻撃する。水は地により流れを定め、兵は敵により勝ちを定める。そのため軍には常なる勢はなく、水には常なる形はない。敵に応じて変化し勝ちを取れるものは、これを神《しん》という[三]。そのため五行《ごぎょう》には常に勝つものはなく、四時《しいじ》には常なる季節がなく、日には長短があり、月には盈《み》ち虧《か》けがあるのである（そのように軍の勢と形は、常に敵に応じて変化する）[三]。

[三] 勢は盛んであっても必ず衰え、形が現れれば必ず敗れる。そのため敵の変化に対応して、勝利を得られるのは神《しん》のようである。

[三] 軍に常なる勢がないのは、満ちたり縮んだりして敵にしたがうためである。

【読み下し】

夫《そ》れ兵の形は水に象《かたど》る。水の形は、高きを避けて下《ひく》きに趨《おもむ》き、兵の形は、実を避けて虚を撃つ。水は地に因《よ》りて流《ながれ》を制し、兵は敵に因りて勝《かち》を制す。故に兵に常勢無く、水に常形無し。能《よ》く敵に因り変化して勝を取る者は、之を神《しん》と謂《い》ふ[三]。故に五行には常勝無く、四時《しいじ》には常位無く、日には短長有り、月には死生有るなり[三]。

[三] 勢 盛んなるも必ず衰へ、形 露《あらは》るれば必ず敗る。故に能《よ》く敵の変化に因りて、勝ちを取るは神の若《ごと》し。

[三] 兵に常勢無きは、盈縮《えいしゅく》して敵に随へばなり。

【補注】

○神「しん」と読んでいるように、これは万物を支配する不思議な力をもち、宗教的な畏怖・尊敬・礼拝の対象となる「神（かみ）」ではない。「神《しん》」とは、人智ではかり知れない不思議な働きのことを言う。たとえば現在では、なぜ季節に四時《しいじ》（春・夏・秋・冬）が存在するのかは、地軸の傾きとして科学的に明らかにされているが、古代中国では、その法則性に人智を超える働きをみた。それが「神《しん》」である。

【解説】

兵の「形」を水に近づけることで、「無形」に至り得る。水は、『老子《ろうし》』第八章でも、「至上の善は水のようである（上善　水の若《ごと》し）」と言われ、「道に近い（道に幾《ちか》し）」とされている。無形に至るには、敵に応じて自軍が変わる必要がある。軍に常形《じょうけい》・常勢《じょうせい》を持たせないためには、敵の形に対応できる「神」の力を備える将軍が必要である。

軍争篇　第七

「軍争」とは、自軍と敵軍の両軍が、勝ちを争うことである。具体的には、1自軍が有利になるように、先手を取って有利な地を占めることである。そのために、「迂直《うちょく》の計（遠近の計）」を用いる。魏武注は、それを（敵軍に自軍を）示すのに遠くにいるように見せ、その道程を近くすれば、敵よりも先に（戦地に）到着する、と説明する。まさしく「兵は詭道《きどう》」、騙《だま》しあいから戦争は始まる。2軍争では、敵よりも遅れて出発しながら、敵よりも早く戦場に着き、先に有利な地を占めなければならない。したがって軍争は、なるべく長い距離ではしない。そのためには3地の利が重要となる。そして、4敵の裏をかき、空虚なところを「風」のように速く撃ち、自軍は「林」のように整えて敵に利を見せず、「火」のように敵を侵略し、「山」のように動かずに守り、「陰《かげ》」のように自軍を知られず、「雷霆《らいてい》」のように動いて敵に打撃を与える。そのためには、5鐘や太鼓と旌旗により、兵の耳目を集めて一つにする。

そのうえで、敵と自軍の「気」にも留意する。6朝の士気は鋭敏で、昼の士気は怠《たい》惰《だ》、夕の士気は尽きるので、敵の士気が怠惰になり尽きたところを自軍の気を温存しながら攻撃する。そして、最後に7戦いの原則として、高い丘に向かわない、丘を背に迎撃しない、偽りの敗走を追撃しない、鋭敏な兵卒を攻撃しない、陽動《ようどう》の兵に食いつかない、帰ろうとする敵軍を遮《さえぎ》らない、包囲の時は敵が生きる路を開ける、窮地《きゅうち》の敵には迫らないという、八つの禁止事例を掲げている。

1　有利な地を占める

軍争篇第七［一］

孫子はいう、およそ兵を用いる方法で、将が命令を君主から受け、軍をあわせ兵をあつめ（部隊を編成して陣営《じんえい》を起こし）［二］、（自軍と敵軍が）対峙《たいじ》して宿営するまでに［三］、（先に有利な地点を占め、勝ちを争う）軍争《ぐんそう》よりも難しいものはない［四］。軍争の難しさは、（敵軍に自軍が）遠くにあるように見せて（道程を）近くし、（敵軍に自軍が）憂患《ゆうかん》があるように見せて（油断させて）利とすることにある［五］。そのため（自軍が遠くにあるように見せて）敵軍の道を遠くし［六］、敵軍を利で誘い、敵軍に遅れて出撃して、敵軍よりも先に（戦地に）到着する［七］。これが遠近《えんきん》の計を知る者である。

［一］（軍争とは、自軍と敵軍の）両軍が勝ちを争うことである。

［二］国人《こくじん》を集結させ、組織を結成し、部隊を選定し、陣営を起こすことである。

［三］軍門を和門《わもん》とし、左右の門を旗門《きもん》とする。車により営をつくることを轅門《えんもん》といい、人により営をつくることを人門《じんもん》という。（敵軍と自軍の）両軍が対峙することを交和《こうわ》

という。

[四] はじめて命をうけてから、交和にいたるま（での間）で、軍争というものが（もっとも）難しいとするのである。

[五]（敵軍に自軍を）示すのに遠くにいるように見せ、その道程を近くすれば、敵よりも先に（戦地に）到着する。

[六] その道を遠くするのは、（敵に）道が遠いと示すことによる。

[七] 敵軍より後から出撃し、敵軍より先に（戦地に）到着するのは、距離を明らかにして、先に遠近《えんきん》の計を知るためである。

【読み下し】

軍争第七[一]

孫子曰《いは》く、凡《およ》そ兵を用ふるの法、将 命を君より受け、軍を合《あ》はせ衆を聚《あつ》め[二]、交和《かうわ》して舍《を》るに[三]、軍争より難《かた》きものは莫《な》し[四]。軍争の難き者は、迂《う》を以《もつ》て直と為《な》し、患《くわん》を以て利と為す[五]。故に其《そ》の途《みち》を迂《う》にして[六]、之を誘《さそ》ふに利を以てし、人に後《おく》れて発して、人に先んじて至る[七]。此《こ》れ迂直《うちょく》の計を知る者なり。

[一] 両軍 勝《かち》を争ふなり。

[二] 国人を聚め、行伍《かうご》を結び、部曲《ぶきょく》を選び、営陣《えいじん》を起こすなり。

[三] 軍門を和門《わもん》と為し、左右門を旗門《きもん》と為す。車を以て営を為《つく》るを轅門《えんもん》と曰ひ、人を以

て営を為るを人門《じんもん》と曰ふ。両軍 相 対するを交和と為す。

［四］始めて命を受けしより、交和に至るまで、軍争 難しと為すなり。

［五］示すに遠きを以てし、其の道里を邇《ちか》くせば、敵より先に至るなり。

［六］其の途を迂《とお》くする者は、之を遠きに示せばなり。

［七］人に後れて発し、人に先んじて至る者は、度数を明らかにし、先に遠近の計を知ればなり。


【補注】
○国人 国の人々のこと。 ○部曲 軍の部隊。 ○度数 敵との距離を計ること。

【解説】

軍争とは、将が命令を君主から受け、軍をあわせて兵をあつめ、部隊を編成して陣営を起こし、自軍と敵軍が対峙して宿営するまでに、先に有利な地を占め、勝ちを争うことをいう。そのためには、敵よりも遅れて出発しながら、敵よりも早く戦場に着けば、有利な地点に陣を布くことができる。そのために、「迂直《うちょく》の計（遠近の計）」を用いるが、魏武注は、（敵軍に自軍を）示すのに遠くにいるように見せ、その道程を近くすれば、敵よりも先に（戦地に）到着する、と説明する。『孫子』の原則である「兵は詭道《きどう》」、騙しあいがここにも見られる。

2　百里の行軍

さて（よい）軍争は利となり、（よくない）軍争は危となる[八]。軍をこぞって（戦地の）利を争えば、（遅れて）間に合わない[九]。軍（の一部）を棄てて（戦地の）利を争えば、（遅れる）輜重《しちょう》が棄て置かれる[一〇]。そのため鎧《よろい》を巻きあげて走り、昼夜も（休息のために）止まらず[一一]、速度と道程を倍にして、百里を行軍して（戦地の）利を争えば、（上軍・中軍・下軍の）三（軍の）将軍は敵に捕らえられる[一二]。強壮な者は先に行き、疲弊した者は遅れ、到着する比率は十分の一となる。五十里を行軍して（戦地の）利を争えば、上軍の将軍を捕らえられ、到着する比率は半数が到着する[一三]。三十里を行軍して（戦地の）利を争えば、三分の二が到着する[一四]。このため軍に輜重がなければ滅び、食糧がなければ滅び、財貨がなければ滅ぶ[一五]。

[八]（軍争の）よいものは利となり、よくないものは危となる。

[九]（戦地への到着が）遅れて間に合わないのである。

[一〇] 輜重を置けば、棄て置かれる心配がある。

[一一]（昼夜止《と》まらなければ）休息することができない。

[一二] 百里（行軍して）利を争うのは、あやまりである。（それをすれば上軍・中軍・下軍の）三（軍の）将軍はすべて捕らえられる。

[一三] 蹶《けつ》は、挫《くじ》くのような意味である。
[一四] 道が近く到着する者は多いので、(将軍が) 戦死するほど敗れることはない。
[一五] (輜重・食糧・財貨という) この三つがないものは、滅びの道である。

【読み下し】

故に軍争は利と為《な》り、軍争は危と為る[八]。軍を挙《こぞり》て利を争へば、則ち及ばず[九]。軍を委《す》てて利を争へば、則ち輜重 捐《す》てらる[一〇]。是《こ》の故に甲を巻きて趨《はし》り、日夜処《とどま》らず[一一]、道を倍し行を兼《か》ね、百里にして利を争へば、則ち三将軍を擒《とりこ》にせらる[一二]。勁《つよ》き者は先んじ、疲るる者は後《おく》れ、其の法 十の一にして至る。五十里にして利を争へば、則ち上将軍を蹶《くじ》かれ、其の法半《なか》ば至る[一三]。三十里にして利を争へば、則ち三分の二 至る[一四]。是の故に軍に輜重無ければ則ち亡び、糧食無ければ則ち亡び、委積《いし》無ければ則ち亡ぶ[一五]。

[八] 善なる者は則ち利を以てし、不善なる者は則ち危を以てす。
[九] 遅《おそ》ければ及ばざるなり。
[一〇] 輜重を置けば、則ち捐棄《えんき》せらるるを恐るるなり。
[一一] 休息するを得ず。
[一二] 百里に利を争ふは、非なり。三将軍 皆 以《もっ》て擒とせらる。
[一三] 蹶《けつ》は、猶ほ挫《ざ》のごときなり。
[一四] 道 近く至る者多く、故に死敗すること無きなり。

〔三五〕此《こ》の三者無きは、亡びの道なり。

【補注】

○委積　唐の杜牧《とぼく》は、委積《いし》は財貨である、という。北宋の王晳《おうせき》は、委積とは薪や塩や蔬菜といった種類の戦闘糧食の材料および野外炊具のことといい、軍は輜重・糧食・委積によって成り立ち、軽々しくは切り離すことができない、とする。

【解説】

軍争では、敵よりも遅れて出発しながら、敵よりも早く戦場に着き、先に有利な地を占めなければならない。したがって、なるべく長い距離で軍争しないことが重要となる。その距離感と損害の関係は、百里の彼方であれば三将軍が捕らえられ、五十里であれば上軍の将と兵の半分が失われ、三十里であれば兵の三分の一が失われる。

【実戦事例十一　諸葛亮の外交】

「上将軍を蹶《か》く」

建安《けんあん》十三（二〇八）年、曹操《そうそう》が南下して劉表《りゅうひょう》が病死すると、次子の劉琮《りゅうそう》は、新野《しんや》を守る劉備《りゅうび》に伝えずに、曹操に降伏した。劉備は新野から江陵《こうりょう》を目指すが、長坂坡《ちょうはんは》で曹操の軽騎兵に急襲される。敗走の中、諸葛亮《しょかつりょう》は孫権《そんけん》に救援を求めることを劉備に提案し、自ら使者となった。

孫権は、柴桑《さいそう》で勝敗の行方をうかがっていた。張昭《ちょうしょう》以下、呉では降伏論が強かった。使者として赴いた諸葛亮は、曹操軍の強さを言い、降伏するならば、臣下の礼を取るべきである、と孫権を焚きつける。それではなぜ劉備は降伏しない、と孫権に問われた諸葛亮は、自分たちの正統性を主張する。「劉備は漢の末裔《まつえい》で、現代の英雄です。もし、事が成就しなければ、それは天命です。どうして降伏などできましょうか」。孫権はさらに怒り、決断を下す。「わたしは呉の土地と十万の軍を持ちながら、人に従うことはできない。だが、敗れたばかりで、この難局をどう乗り切るつもりなのか」。諸葛亮は、そこで戦況の分析を説明する。

「劉豫州《りゅうよしゅう》（劉備）の軍は長坂の戦いに敗れましたが、これまでに戻ってきた兵士と関《かん》羽《う》の水軍、精鋭一万人を擁しております。（加えて）劉琦《りゅうき》が江夏《こうか》の軍兵を集めており、これもまた一万人を下りません。曹操の軍勢は、遠征して疲弊しております。聞くところでは、劉豫州を追うために、軽騎兵は一日一夜で、三百里以上も馳《は》せたといいます。これは、いわゆる「強い弓の矢も、その最後には、（薄くて有名な）魯《ろ》の白絹さえ貫けない」という状況です。このため（『孫子』の）兵法ではこれを嫌い、「必ず上将軍（前軍の将）が倒される」と戒めております。さらに北方の人間は、水戦に不馴《ふな》れです。また荊州《けいしゅう》の人々で曹操に味方している者は、軍事力に圧迫されただけであり、心から従っているわけではありません。いま将軍が猛将に命じて、兵士数万人を統率させ、劉豫州と計を共に力を併せれば、曹操の軍勢を撃破できることはまちがいありません。曹操の軍が敗れたならば、必ず北方へ帰還します。そうなれば荊州（の劉氏）と呉（の孫氏）の勢力は強大になり、三者鼎立《ていりつ》の状勢が形成されます。成功失敗の分かれ目は、今日にあります」と述べた。

孫権は大いに喜び、すぐに周瑜《しゅうゆ》・程普《ていふ》・魯粛《ろしゅく》たち水軍三万を派遣し、諸葛亮とともに先主（劉備）のもとへ行かせ、力を併せて曹操を防がせた（『三国志』巻三十五 諸葛亮伝）。

諸葛亮は、孫権を説得するために、曹操の軍勢が遠征で疲弊しきっていることを二つの言葉で説明する。一つは、「強い弓の矢も、その最後には、（薄くて有名な）魯《ろ》の白絹さえ貫けない」という言葉であり、これは『漢書《かんじょ》』巻五十二 韓安国《かんあんこく》伝を典拠とする。『漢書』を好み、子にも『漢書』を学ばせた孫権であれば、典拠が分かったかもしれない。もう一つが、兵法ではこれを嫌い、「「必ず上将軍（前軍の将）が倒される」と戒めております」である。曹操の解釈では「蹶《くじ》」く（捕らえられる）であり、そもそも本文でも「三百里」ではなく「五十里」である。ただし、魏武注『孫子』を諸葛亮が読んでいた可能性は低く、諸葛亮や呉の人々が読んでいた『孫子』が、曹操の校勘《こうかん》（本文のテキストを定めること）した今の本文と異なる可能性もある。あるいは、『三国志』の著者である陳寿《ちんじゅ》が、諸葛亮の言葉を『孫子』に基づくよう創作した可能性もゼロではない。しかし、諸葛亮は『孫子』の原則に従って、布陣などをすると共に、陣の運用では『孫子』に示された原則をさらに詳細に説明し、あるいは水上の戦いという新しい戦い方を補足する書籍を著している。諸葛亮は、『孫子』に基づき戦況を分析することで、説得力のある外交を展開したと考えてよい。

このように、三国時代の外交の場において、『孫子』は戦いを分析するための基本として、身につけておくのが当然の書籍とされていたのである。

3　地の利

したがって諸侯《しょこう》で謀略を知らない者は、交戦することができない〔一六〕。山・林・険《けん》〔深い谷〕・阻《そ》〔高低のある地〕・沮《しょ》〔低湿地〕・沢の形を知らない者は、行軍できない〔一七〕。道案内を用い（ないで軍が拠る所と山川の形を知ら）ない者は、地の利を得ることができない。

〔一六〕敵情を知らない者は、交戦することができない。

〔一七〕（地が）高く険しいものを山とし、多くの木が生える所を林とし、深い谷を険とし、高低のあるところを阻とし、水草が生える泥濘《ぬかるみ》を沮とし、多くの流れが集まり溜まるところを沢とする。軍が拠る所と山川の形を知ることを先にしなければ、行軍させることはできない。

【読み下し】

故に諸侯の謀《はかりごと》を知らざる者は、交《まじはり》に豫《あづか》る能《あた》はず〔一六〕。山・林・険・阻・沮・沢の形を知らざる者は、行軍する能はず〔一七〕。郷導《きやうだう》を用ひざる者は、地の利を得る能はず。

〔一六〕敵情を知らざる者は、交を結ぶ能はず。

〔一七〕高くして崇なる者を山と為し、衆樹の聚まる所の者を林と為し、坑塹《かうざん》なる者を険と為し、一高一下なる者を阻と為し、水草漸洳《ぜんしょ》なる者を沮と為し、衆水の帰する所なるも流れざる者を沢と為す。軍の拠る所及《と》山川の形を知るを先にせざるは、則ち師を行《や》る能はざるなり。

【補注】

○この段落は、同文が九地篇に含まれる。○郷導　軍の道案内。単に道を知るだけでなく、敵の守備の状況などを把握していることが望ましい。

【解説】

軍争のためには、地の利を得ることが必要で、郷導の善し悪しが勝敗を分けることもある。曹操は烏桓《うがん》遠征の際、郷導とした田疇《でんちゅう》の功績を高く評価して、疇亭侯《ちゅうていこう》、邑五百戸に封建しようとしている。

4　風林火山

さて軍隊は詐術《さじゅつ》により成り立ち、(自軍の) 利によって動き、(敵により) 分散集合して変化するものである[一八]。そのため (敵の空虚なところを撃つ) 兵の速いことは風のようで[一九]、兵の整っていることは林のようで (敵に利を見せず)[二〇]、(敵をはやく) 侵略することは火のようで[二一]、(守り) 動かないことは山のようで[二二]、知られにくいことは陰《かげ》のようで、動くことは雷のようである。(敵の) 郷里を掠《かす》めて兵を分散させ[二三]、戦地を広げて敵の利を分散させ (て奪い)[二四]、敵 (の兵や利) をはかって動き[二五]、先に遠近の計を知る者は勝つ。これが軍争《ぐんそう》の法である。

[一八] 兵が分散したり集合したりするのは、敵により変化するためである。
[一九] (敵の) 空虚 (なところ) を撃つこと (が風のよう) である。
[二〇] (林のように整っていて敵に) 利を見せないことである。
[二一] (侵略することが火がまわるように) はやいことである。
[二二] (山のように動かないで) 守ることである。
[二三] 敵 (の状況) により勝ちを制するのである。
[二四] 戦地を広げて敵の利を分け奪うのである。
[二五] 敵 (の兵や利) をはかって動く。

【読み下し】

故に兵は詐《さ》を以《もっ》て立ち、利を以て動き、分合《ぶんがふ》を以て変を為《な》す者なり[一八]。故に其《そ》の疾《はや》きこと風の如《ごと》く[一九]、其の徐《しづ》かなること林の如く[二〇]、侵掠《しんりやく》すること火の如く[二一]、動かざること山の如く[二二]、知り難《がた》きこと陰《かげ》の如く、動くこと雷霆《らいてい》の如し。郷を掠《かす》め衆を分《わ》かち[二三]、地を廓《ひら》きて利を分かち[二四]、権を懸《か》けて動き[二五]、先に迂直《うちょく》の計を知る者は勝つ。此れ軍争の法なり。

[一八] 兵の一分一合は、敵を以て変を為せばなり。
[一九] 空虚を撃つなり。
[二〇] 利を見せざるなり。
[二一] 疾なり。
[二二] 守なり。
[二三] 敵に因《よ》りて勝《かち》を制するなり。
[二四] 地を広げて以て敵の利を分《わ》かつなり。
[二五] 敵を量《はか》りて動く。

【補注】

○権　ここでは「はかり」の意味。

【解説】

軍争における詐術を華麗な比喩で説明する。具体的には、敵の裏をかき、空虚なところを「風」のように速く撃ち、自軍は「林」のように整えて敵に利を見せず、「火」のように敵を侵略し、「山」のように動かずに守り、「陰」のように自軍を知られず、「雷霆」のように動いて敵に打撃を与える、とする。

『孫子』は、文章の美しさで評価が高いが、雷霆だけが二文字になって、他の字句と揃っていない。武田《たけだ》信玄《しんげん》が旗印に風林火山だけを取り、陰と雷霆を入れなかったのは、このあたりに理由があるのかもしれない。

5　指揮系統

軍政には、「言っても聞こえないので、鐘《かね》や太鼓《たいこ》を用いる。示しても見えないので、旌旗《せいき》を用いる」とある。そもそも鐘や太鼓と旌旗というものは、兵の耳目《じもく》を集めて一つにするためのものである。兵がすでに一つになれば、勇敢な者も勝手に進撃できず、怯懦《きょうだ》な者も勝手に退却できない。これが兵を用いる法である。そのため夜戦では火や太鼓を多くし、昼戦では旌旗を多く用いるのは、兵の耳目（の受け取りやすさ）を変えるためである。

【読み下し】

軍政に曰く、「言へども相《あい》聞かず、故に金鼓を為《つく》る。視《しめ》せども相見ず、故に旌旗を為る」と。夫れ金鼓・旌旗なる者は、人の耳目を一《いっ》にする所以なり。人既に専一《せんいつ》なれば、則ち勇者も独《ひと》り進むを得ず、怯者も独り退くを得ず。此れ衆を用ふるの法なり。故に夜戦に火鼓を多くし、昼戦に旌旗を多くするは、人の耳目を変ずる所以なり。

【補注】
○軍政　北宋《ほくそう》の梅尭臣《ばいぎょうしん》は「軍の旧典」であるとし、北宋の王晳《おうせき》は「古《いにしえ》の軍書」であるという。

【解説】
この段落は、魏武注も付いておらず、テキストに問題があると言われる。冒頭の「軍政」は、次に続く文章のタイトルであろうが、兵法書なのか、軍の旧典なのかも定かではない。ただ、内容は分かりやすく、鐘や太鼓と旌旗というものは、兵の耳目を集めて一つにするためのものである、という一文が、形名による命令系統を明確に示している。こうして命令系統を明らかにしたうえで、軍を将の意のままに動かして、「正」と「奇」の組み合わせで敵を破っていくのである。

6　勇を与える気

さて三軍《さんぐん》も士気《しき》を奪うことができ[三六]、将軍も心を奪うことができる。また兵の朝の士気は鋭敏であり、昼の士気は怠惰《たいだ》であり、夕《ゆうべ》の士気は尽きる。そのためよく兵を用いる者は、朝の鋭敏なる士気を避け、昼や夕の士気が怠惰になり尽きたところを攻撃する。これが士気をうまく利用する者である。治まった状態で乱れた状態を待ち、静かな状態でけたたましい状態を待つ。これが心をうまく利用する者である。近いところで遠い敵を待ち、安んじた状態で疲労した敵を待ち、兵糧が十分な状態で敵の飢餓《きが》を待つ。これが力をうまく利用する者である。整った旗の敵を迎え撃つことなく、大きな敵陣を攻撃してはならない。これが変をうまく利用する者である[三七]。

[三六]『春秋左氏伝《しゅんじゅうさしでん》』（荘公《そうこう》伝十年）に、「一回目の太鼓で士気を奮い起こし、二回目の太鼓で（応戦しないときは敵の）士気が衰え、三回目の太鼓で（敵の士気が）尽きる」とある。

[三七] 正正とは、整っていることである。堂堂とは、大きいことである。

【読み下し】

故に三軍も気を奪ふ可《べ》く[三六]、将軍も心を奪ふ可し。是《こ》の故に朝の気は鋭く、昼の気は惰《おこた》り、暮《ゆふべ》の気は帰らんとす。故に善《よ》く兵を用ふる者は、其《そ》の鋭気を避け、其の惰帰《だき》を撃つ。此《こ》れ気を治《をさ》むる者なり。治《ち》を以て乱を待ち、静を以て譁《くわ》を待つ。此れ心を治むる者なり。近きを以て遠きを待ち、佚《いつ》を以て労《らう》を待ち、飽《ほう》を以て飢《き》を待つ。此れ力を治むる者なり。正正の旗《はた》を邀《むか》ふること無く、堂堂の陣を撃つこと勿《な》かれ。此れ変を治むる者なり[三七]。

[三六]　左氏に言へらく、「一鼓《こ》して気を作《な》し、再《ふた》びして衰へ、三たびして竭《つ》く」と。

[三七]　正正は、整斉《せいせい》なり。堂堂は、大なり。

【補注】

○三軍も…　これと似た表現として、『論語』子罕篇に、「三軍可奪帥也、匹夫不可奪志也」とある。○北宋《ほくそう》の梅尭臣《ばいぎょうしん》は、朝・昼・暮を始め・中頃・終わりの比喩と考え、兵の士気は始めが鋭く、長期化すると惰性となり帰還したいと思うとする。

【解説】

「気」は、ここでは気力や士気の意味で、戦意そのもののことである。それは、朝（始め）と昼（なかごろ）と夕方（終わり）とで異なり、朝の士気は鋭敏で、昼の士気は怠惰《たいだ》、夕の士気は尽きるという。したがって、昼や夕となり、士気が怠惰になり尽きたところを自軍の気を温存しながら攻撃する。これが戦いに士気をうまく利用することである。

【実戦事例十二　夷陵の戦い】

「暮《ゆふべ》の気は帰らんとす」

劉備《りゅうび》の建国した蜀漢《しょくかん》は、曹魏《そうぎ》による後漢《ごかん》の簒奪《さんだつ》を認めないことに存立意義を置く。しかし、劉備は国是とすべき征魏ではなく、孫呉を討つことを主張した。関羽《かんう》が殺されていたためである。これに対して、趙雲《ちょううん》は国是と異なると反対したが、劉備は聴かなかった。やがて出征の準備中に張飛《ちょうひ》が部下に寝首をかかれ、暗殺者が孫呉に逃走すると、劉備の怒りは頂点に達する。

章武元（二二一）年、劉備は、江北の諸軍を黄権《こうけん》にまかせ、白眉《はくび》で有名な馬良《ばりょう》に荊州の蛮族を味方につけさせながら、呉に向けて兵を進めた。これに対して、孫権《そんけん》は陸遜《りくそん》を抜擢して劉備と対峙させる。孫堅以来の宿将たちは、陸遜に不満をもったが、陸遜はよくそれを抑え、進撃当初の劉備の猛烈な士気を避け

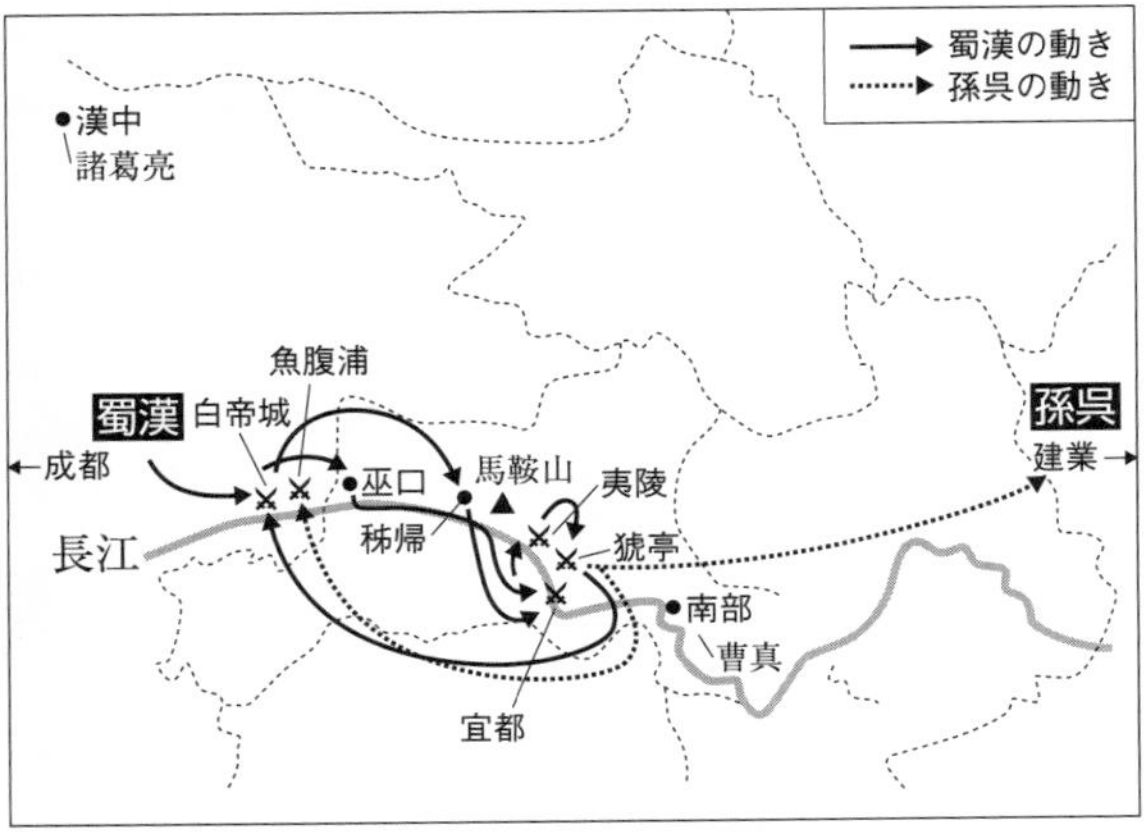

るために、決戦を避けた。

陸遜は、侵攻から時間が経ち、劉備軍の士気が下がるのを待ったのである。

やがて劉備が、国境の巫《ふ》から夷陵《いりょう》にかけて延々と陣を伸ばしていくと、これを火攻めで破った。敗れた劉備は、白帝城《はくていじょう》に逃れるのが精一杯であった。敗戦のため病が篤くなった劉備は、成都《せいと》から諸葛亮《しょかつりょう》を呼び、劉禅《りゅうぜん》を託すと崩御した。

7　軍の禁忌

さて用兵の法は、高い丘には向かってはならない。丘を背にした（敵を）迎撃してはならない。（敵の）偽りの敗走に従って（追撃して）はならない。（敵の）鋭敏なる兵卒を攻撃してはならない。（敵の）陽動《ようどう》の兵に食らいついてはならない。（自国へ）帰ろうとする敵軍を遮《さえぎ》ってはならない。敵軍を包囲するには必ず（敵が生きる路を示すため包囲を）欠き[三八]、窮《きゅう》地《ち》の敵には迫ってはならない。これが兵を用いる法である。

[三八]『司馬法《しばほう》』に、「敵の三面を包囲し、その一面を包囲しないのは、敵の生きる路を示すためである」とある。

【読み下し】

故に兵を用ふるの法は、高陵には向かふことなかれ。丘を背にするには逆《むか》ふること勿《な》かれ。

なり。

佯《いつは》り北《に》ぐるには従ふこと勿かれ。鋭卒には攻むること勿かれ。餌兵《じへい》には食らふこと勿かれ。帰師には遏《とど》むること勿かれ。囲師《いし》には必ず闕《か》き［三八］、窮寇《きゅうこう》には迫ること勿かれ。此れ用兵の法なり。

［三八］司馬法に曰く、「其の三面を囲み、其の一面を闕くは、生路を示す所以《ゆえん》なり」と。

【補注】

○この段落は、「桜田本《さくらだぼん》」（『古文孫子正文』）。仙台藩士の桜田景迪《かげみち》が校正して訓点を施し、自著の『略解』を附して刊行）に従って、続く九変篇《きゅうへん》第八の冒頭に移すことが多い。しかし、桜田本は、伝承では曹操以前の真本であると言うが、合理的に読めるように字句を改めた比較的新しい本であると思われ、信用性は薄い。そのため、桜田本に従って移すことはしない。○餌兵　唐の陳皡《ちんこう》は、曹操と袁紹の将である文醜《ぶんしゅう》らとが戦った際、諸将は敵の騎馬が多いので陣営に帰った方がよいとした。荀攸《じゅんゆう》は、「これはおとりであり、帰るわけにはいかない」と言った。餌兵であると知っても文醜が止められなかったのは（白馬の戦いの帰りの輜重を餌にするという）毒を置いたからである、と曹操が文醜を破った戦術を事例に挙げる。○囲師には必ず闕き　唐の李筌《りせん》は、曹操が壺関《こかん》の高幹《こうかん》を包囲した際、曹仁《そうじん》の城の包囲を一部を開けて置くべきとの献策を採用して、陥落させたことを事例に挙げる。

【解説】

戦いの原則として、高い丘に向かわない、丘を背に迎撃しない、偽りの敗走を追撃しない、鋭敏な兵卒を攻撃しない、陽動の兵に食いつかない、帰ろうとする敵軍を遮らない、包囲の時は敵が生きる路を開ける、窮地の敵には迫らないという、八つの禁止事例を掲げている。いずれも有名であり、補注や実戦事例に示したように、よく従われている。

【実戦事例十三　博望坂の戦い】

「佯《いつわ》り北《に》ぐるには従ふこと勿《な》かれ」

蜀漢《しょくかん》を建国した劉備《りゅうび》の、将としての実力が分かる戦いである。荊州《けいしゅう》を狙う曹操《そうそう》は、同地を支配する劉表《りゅうひょう》の配下にいる劉備と、夏侯惇《かこうとん》・李典《りてん》を戦わせたが、博望坂《はくぼうは》で破られた。『三国志演義《さんごくしえんぎ》』では、三顧《さんこ》の礼《れい》で招かれた諸葛亮《しょかつりょう》が、関羽《かんう》・張飛《ちょうひ》に自らの実力を見せる戦いという虚構に作り変えられているが、実際には劉備が指揮する戦いであった。

建安《けんあん》七（二〇二）年、曹操が夏侯惇と李典を荊州に侵入させると、劉備は屯を焼いて退却した。夏侯惇は追撃するが、李典は、「賊は理由なく退却しません、必ず伏兵があることを疑うべきです。南道は狭隘《きょうあい》で、草木も深く、追撃すべきではありません」と言った。しかし、夏侯惇は聞かずに追撃し、劉備に背後を突かれて敗退した（『三国志』巻十八　李典伝）。

劉備は「佯《いつわ》り北《に》」げたにも拘《かかわ》らず、夏侯惇は「従」って敗れたのである。

【実戦事例十四　穣城の戦い・鄴城の戦い】

「帰師《きし》には遏《とど》むること勿《な》かれ」

建安三（一九八）年、曹操は穣城《じょうじょう》に張繍《ちょうしゅう》を攻めた。しかし、劉表《りゅうひょう》が援軍を派遣したため、曹操は敗れた。しかも、曹操が撤退しようとすると、劉表と張繍は兵を合わせて堅く守り、曹操の軍は前後に敵を受けた。こうしたなか、曹操は夜に地道《ちどう》を掘ると、すべての輜重《しちょう》を通した。そののちに、奇兵《きへい》を設けて歩兵・騎馬で攻撃して張繍の軍を大破した。曹操は荀彧《じゅんいく》に、「敵が我が帰師を遮《さえぎ》り、我が軍を死地《しち》においたので、わたしは勝てることを知った」と語っている（『三国志』巻一　武帝紀）。

建安七（二〇二）年、曹操が袁尚《えんしょう》の根拠地である鄴城《ぎょうじょう》を攻撃すると、袁尚が軍を率いて救援に来た。諸将は、「帰師であるから、避けた方がよろしいでしょう」と言った。曹操は、「袁尚が大道から来れば（帰師なので）これを避け、西山から来れば、虜《とりこ》にできる」と言った。袁尚は果たして西山から来たので、曹操は「帰師」という「勢」を利用しない袁尚を撃破している（『三国志』巻一　武帝紀）。

九変篇　第八

九変《きゅうへん》篇は、テキストの乱れが想定される篇である。1はそれぞれ特徴のある五つの地形の戦い方が論じられるが、篇題である九変とは、あまり関わりがない。2戦いには原則どおりの「正《せい》」に対して、臨機応変な対応である「変《へん》」がある。戦いでは、道・軍・城・地・君命について、原則通りに行わない「変」を知る必要がある。3戦いの際には、常に「変」を警戒すべきであり、自軍をあてにして、敵の動向に惑わされてはならない。4孫子は、すべての敗戦の原因を将に求める。したがって、君主が将を選ぶことで勝敗は定まる。そこで、このような将は選ぶべきではないという五つの危険性を挙げる。必死な将、必ず生きようとする将、短気な将、清廉潔白な将、民草を愛する将である。これらを将の「五危」と言い、軍を全滅させ、将が殺されるのは、この「五危」による、と述べている。

1　五つの土地

九変篇第八［一］

孫子がいう、およそ兵を用いる方法は、将が命令を君主から受け、軍をあわせ兵をあつめる（そののち部隊を編成して陣営を起こす）。圮地《ひち》〔水浸しの地〕では宿《やど》ることなく[二]、衢地《くち》〔四方に通じる地〕では（諸侯と）盟約《めいやく》し[三]、絶地《ぜつち》〔活路のない地〕では留まることなく[四]、囲地《いち》〔山に囲まれた地〕であれば謀略《ぼうりゃく》を発し[五]、死地《しち》〔撤退できない地〕であれば死戦《しせん》する[六]。

〔一〕兵の用い方の正を変じて、用いることができるものには九つある。
〔二〕（圮地に宿らないのは）依るところがないからである。水により（堤防を）壊されていることを圮という。
〔三〕（衢地《くち》では）諸侯と（盟約を）結ぶ。衢地とは、四方に通じる地である。
〔四〕（絶地では）長く留まることがない。
〔五〕（囲地では）奇兵と謀略を発する。
〔六〕（死地では）決死で戦うのである。

【読み下し】

九変第八[一]

孫子曰く、凡《およ》そ兵を用ふるの法、将 命を君より受け、軍を合はせ衆を聚《あつ》む。圮地に舎《やど》る無く[二]、衢地に合交《がふかう》し[三]、絶地に留まる無く[四]、囲地なれば則ち謀り[五]、死地なれば則ち戦ふ[六]。

［一］其の正を変じ、其の用ふる所を得るは九有るなり。
［二］依る所無ければなり。水もて毀《こぼ》たるを圮《ひ》と曰ふ。
［三］諸侯と結ぶなり。衢地は、四通の地なり。
［四］久しく止まる無きなり。
［五］奇謀《しゅし》を発するなり。
［六］殊死して戦ふなり。

【補注】
○孫子曰く…衆を聚む「孫子曰、凡用兵之法、将受命於君、合軍聚衆」は軍争篇の冒頭と同一であり、テキストの乱れが想定される。○「圮地」以下の部分は、九地篇の第一段落と内容的に重複する。

【解説】
圮地・衢地・絶地・囲地・死地という、それぞれ特徴のある五つの地形において、どのような戦いを行うべきかを論ずる。篇題である九変とは、あまり関わりがない。

2　変の必要性

道には経由しないところがあり[七]、軍には攻撃しないところがあり[八]、城には攻撃しないところがあり[九]、地には争奪しないところがあり[一〇]、君命には受諾《じゅだく》しないところがある[一一]。（そのため）将で九変《きゅうへん》の利に通じている者は、兵の用い方を知っている。将で九変の利に通じていない者は、地形を知っていても、地の利を得ることができない[一二]。兵を統治していて九変の術を知らなければ、五利を知っていても、人の用を得ることができない。そのため智者の配慮は、必ず利害を交《まじ》え[一三]、利に交えて（害を知れば）務めを述べ行うことができ[一四]、害に交えて（利を知れば）憂いを解くことができる[一五]。

[七] 狭隘艱難《きょうあいかんなん》の地は、（そこを）経由すべきではない。やむを得ずそこを通るならば、権《けん》変《へん》を用いる。

[八] 軍には攻撃できても、地が険《けわ》しく留まり難《にく》ければ、先（に取ったこと）の利を失う。もしその地を得ても利が少なければ、困窮《こんきゅう》した兵は、必ず死戦することになる。

[九] 城が小さくとも堅牢で、兵糧が豊かであるのは、攻めるべきではない。操《わたし》が華県《かけん》（山東省費県の北東）と費《ひ》侯国《こうこく》（山東省費県の北西）を捨て置いて深く徐州《じょしゅう》に侵攻し、十四県を得た理由である。

[一〇] 小さい利の地は、争って（それを）得ても失うのであれば、（はじめから）争わない

のである。

[一一] かりそめにも兵事に便益があれば、君命にはこだわらないのである。

[一二] (五利とは) 下の五変をいう。

[一三] (自身に) 利がある状況にあっては害を思い、害がある状況にあっては利を思う。難しい状況にあって権《けん》(臨時的措置) を行うのである。

[一四] 敵 (の状況) をはかり五地《ごち》に依拠できなければ、我が害となる。(それを知れば、なすべき) 務めを述べられる。

[一五] すでに利のある状況におれば、また害をはかる。(そうすれば、困難な) 憂いも解決できる。

【読み下し】

途《みち》に由《よ》らざる所有り[七]、軍に撃たざる所有り[八]、城に攻めざる所有り[九]、地に争はざる所有り[一〇]、君命に受けざる所有り[一一]。故に将の九変の利に通ずる者は、兵を用ふるを知る。将の九変の利に通ぜざる者は、地形を知ると雖《いへど》も、地の利を得る能《あた》はず。兵を治むるも九変の術を知らざれば、五利を知ると雖も、人の用を得る能はず[一二]。是の故に智者の慮《うれひ》は、必ず利害に雑《まじ》へ[一三]、利に雑はれば務《つとめの》信ぶ可きなり[一四]、害に雑はれば患《うれひ》解く可きなり[一五]。

[七] 險難《あいなん》の地は、当《まさ》に従《よ》るべからざる所なり。已《や》むを得ず之《これ》に従らば、故《もと》より変を為す。

[八] 軍は撃つ可《べ》しと雖《いへど》も、地の険《けん》なるを以て之に留まり難《がた》ければ、前《さき》の利を失す。若《も》し

之を得るも則ち利 薄ければ、困窮の兵は、必ず死戦するなり。

［九］城 小なるも固く、糧 饒《ゆた》かなるは、攻む可からざるなり。操 華・費を置きて深く徐州に入り、十四県を得る所以《ゆゑん》なり。

［一〇］小利の地、方《まさ》に争ひて得るも之を失はば、則ち争はざるなり。

［一一］苟《いや》しくも事に便《べん》なれば、君命に拘《こだは》らざるなり。

［一二］下の五変を謂《い》ふ。

［一三］利に在りては害を思ひ、害に在りては利を思ふ。難に当たりて権《けん》を行ふなり。

［一四］敵を計り五地に依《よ》る能《あた》はざれば、我が害と為《な》る。務むる所《の》信ぶ可きなり。

［一五］既《すで》に利に参ずれば、則ち亦《ま》た害を計る。患《うれひ》有りと雖も解く可きなり。

【補注】

○五変　曹操は、九変篇の「九」を「五」と合わせる必要はないと考えていた。あるいは、「九」を「究」と考えていた。『列子』天瑞篇には、「九変なる者は究なり」という字句もある。曹操は道・軍・城・地・君命について、原則どおりに行わない場合を「変」と捉え、それに臨機応変に対応することが必要であると考えていた。すなわち、曹操は、「九」変篇において九の変化を説明することはせず、「五」つの「変」への臨機応変な対応を求めているのである。

【解説】

戦いには原則どおりの「正」に対して、臨機応変な対応である「変」がある。ここでは、道・軍・城・地・君命について、原則どおりに行わない「変」を知る必要があることを述べている。

3　変に備える

このために諸侯を屈服させるには害により[一六]、諸侯を煩《わずら》わせるには事業により[一七]、諸侯を飛びつかせるには利による[一八]。そのため兵を用いる方法は、敵が来ないことをあてにせず、自軍（に敵を迎え撃つ用意があること）をあてにして敵を待つのである。敵が攻撃しないことをあてにせず、自軍（に攻めて来られない状況があること）をあてにして（敵が）攻撃できない状態にするのである[一九]。

[一六] 害とは、諸侯の憎むことである。

[一七] 業とは、事である。（事業により）諸侯を煩わせる。もし相手が入りたいのであれば自分は出ていき、相手が出ていきたいのであれば自分が入る。

[一八] 自分からこちらに来させるのである。

[一九] 安定していても危険になることを忘れず、常に備えを設けるのである。

【読み下し】

是の故に諸侯を屈する者害《には》を以てし[一六]、諸侯を役する者業《にはこと》を以てし[一七]、諸侯を趨《はし》らす者利《には》を以てす[一八]。故に兵を用ふるの法は、其の来《き》たらざるを恃《たの》むこと無く、吾を恃みて以て之を待つこと有り。其の攻めざるを恃むこと無く、吾を恃みて攻む可からざる所有るなり[一九]。

[一六] 害は、其の悪《にく》む所なり。
[一七] 業は、事なり。其をして煩労《はんらう》せしむ。若《も》し彼 入らば我 出で、彼 出づれば我 入るなり。
[一八] 自ら来たらしむるなり。
[一九] 安けれども危ふきを忘れず、常に備《そなへ》を設くるなり。

【補注】

○諸侯を役する者業を以てし　唐の杜佑《とゆう》は、韓《かん》が秦《しん》に鄭国渠《ていこくきょ》を造らせたことを事例に挙げる。○安けれども危ふきを忘れず　『周易《しゅうえき》』繫辞下伝《けいじかでん》に、「君子 安くして危ふきを忘れず、存して亡を忘れず、治にして乱を忘れず」とある。

【解説】

戦いの際には、常に「変」を警戒すべきであり、自軍をあてにして、敵の動向に惑わされてはならない。

4　将の五危

さて将には五危《ごき》がある。（将が）必死であれば殺すことができ[三〇]、必ず生きようとすれば捕虜にすることができ[三一]、短気であれば侮《あなど》るべきで[三二]、清廉潔白《せいれんけっぱく》であれば陵辱《りょうじょく》すべきで[三三]、民草《たみくさ》を愛する将は（民を痛めつけて）煩《わずら》わすことができる[三四]。これらの五つは、将の過ちであり、兵を用いる災いである。軍を全滅させ将を殺すのは、必ず五危による。察しなければならない。

[三〇] 勇敢で配慮がない将は、必ず死闘しようとし、柔軟に対処することができない。奇策や伏兵をこれに当てることができる。

[三一]（必ず生きようとする将は）利を見ても恐れて進まない。

[三二] 短気な将は、怒るので侮ってこれをおびき寄せるべきである。

[三三] 清廉潔白な将は、汚し辱《はずかし》めてこれをおびき寄せるべきである。

[三四]（民を救うために）必ず趨《おもむ》くところに出れば、民草を愛する将は、必ず倍速で昼夜兼行でこれを救う。そうすれば煩わさせられる。

【読み下し】

故に将に五危有り。必死なれば殺す可く[三〇]、必生なれば虜《とりこ》とす可く[三一]、忿速《ふんそく》なるは侮る可く[三二]、廉潔なるは辱《はづかし》む可く[三三]、愛民は煩す可し[三四]。凡そ此の五者は、将の過ち、兵を用ふるの災《わざはひ》なり。軍を覆《くつがへ》し将を殺すは、必ず五危を以てす。察せざる可からざるなり。

[三〇] 勇にして慮《おもんぱかり》無きは、必ず死闘《しとう》せんと欲し、曲撓《きょくたう》す可からず。奇伏《きふく》を以て之に中《あ》つ可し。

[三一] 利を見るも畏怯《ゐきょ》し進まず。

[三二] 疾急《しっきふ》の人は、忿怒《ふんど》すれば侮りて之を致《いた》す可きなり。

[三三] 廉潔の人は、汙辱《をじょく》して之を致す可し。

[三四] 其の必ず趨く所に出づれば、民を愛する者は、必ず道を倍にし兼行して以て之を救ふ。さすれば則ち煩労《はんらう》せしむるなり。

【補注】

○忿速なるは侮る可く　北宋の張預《ちょうよ》は、春秋時代の楚《そ》の子玉《しぎょく》は怒り易く、晋人《しんひと》が子玉を怒らせ、子玉が晋の軍隊におびき寄せられ敗北したのはこれであるとし、城濮《じょうぼく》の戦いにおける子玉の動きを事例とする。

【解説】

孫子は、すべての敗戦の原因を将に求める。したがって、君主が将を選ぶことで勝敗は定まる。そこで、このような将は選ぶべきではないという五つの危険性を挙げる。必死な将、必ず生きようとする将、短気な将、清廉潔白な将、民草を愛する将である。これらを将の「五危」と言い、軍を全滅させ、将が殺されるのは、この「五危」による、とするのである。

【実戦事例十五　五丈原の戦い】

「廉潔なるは辱む可し」

建興《けんこう》十二（二三四）年、諸葛亮《しょかつりょう》は呉に使者を派遣し、同時に挙兵することを促すとともに、木牛《ぼくぎゅう》・流馬《りゅうば》を利用して兵糧を輸送した。諸葛亮が、五丈原《ごじょうげん》に進出すると、司馬懿は渭《い》水《すい》の南岸に土塁を築いて本陣を設けた。持久戦を迫る司馬懿に対して、諸葛亮は婦人の頭巾と着物を贈りつけて辱めた。「廉潔なるは辱む可し」、清廉潔白な将を汚し辱めてこれをおびき寄せようとしたのである。

しかし、司馬懿は、激怒するふりをして、明帝《めいてい》に出撃の許可を求める上奏をしたが、却下されると動かなくなった。諸葛亮は、不必要な挑発により焦りを見透かされた。また、司馬懿は、蜀漢の使者に諸葛亮の執務ぶりを尋ね、寝食を忘れたその仕事ぶりに、死去が近いことを悟った。

果たして、八月、病魔に侵された諸葛亮は、自陣に落ちていく星を自分の将星《しょうせい》であると指差し、そののちに病没した。それを機に司馬懿が追撃してくると、楊儀《ようぎ》と姜維《きょうい》は反撃する。司馬懿は、慌てて逃げていった。「死せる諸葛、生ける仲達《ちゅうたつ》を走らす」である。司馬懿は、蜀漢軍の撤兵後に亮の陣営を調査し、「天下の奇才である」と感嘆した。

五丈原の戦いで諸葛亮は、今までの北伐が兵糧の不足に苦しんだことに鑑《かんが》み、木牛・流馬で兵糧の運搬に当たったほか、斜谷《やこく》水の河辺に土地を開墾し、付近の農民とともに屯田《とんでん》を行い、兵糧の確保に努めた。しかし、補給の体制は万全となったが、諸葛亮の寿命は、これ以上の戦いを許さなかったのである。

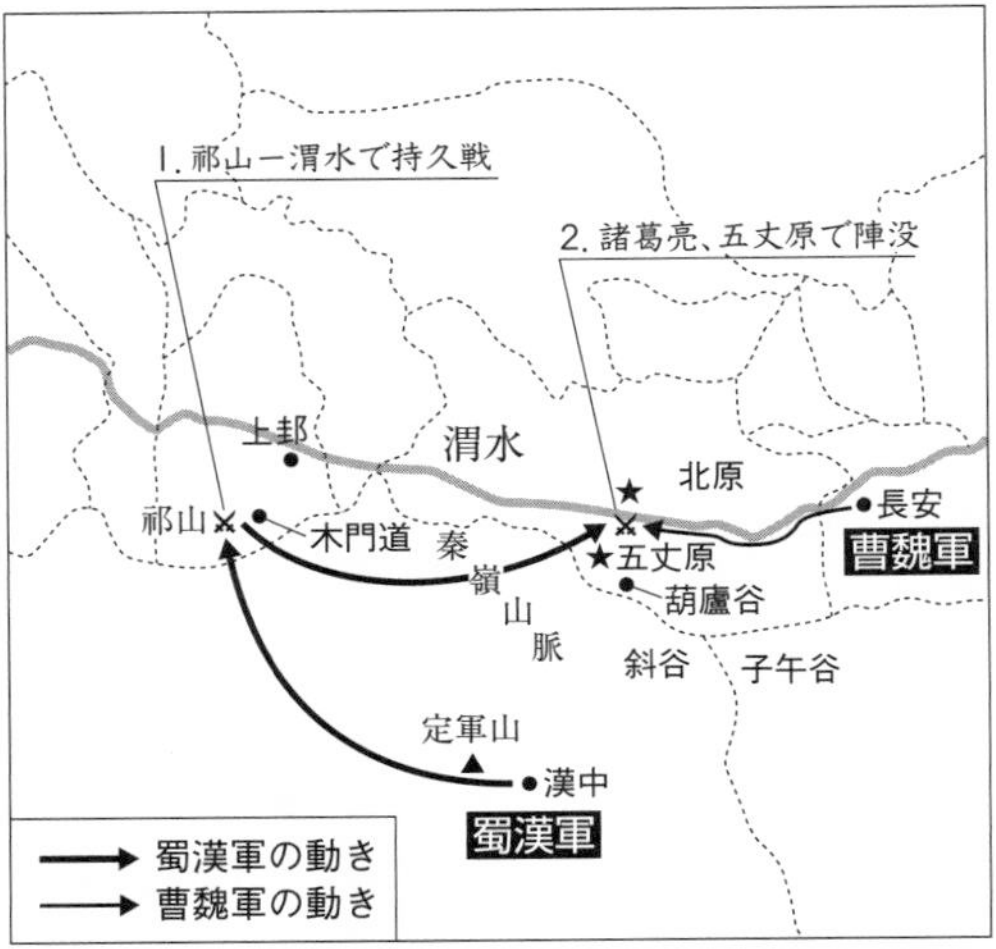

行軍篇　第九

行軍するには、都合のよい地や方法を選ぶ。1山にいる軍は、山の南側に沿って移動して高い場所で戦う。川のほとりにいる軍は、敵に川を半分ほど渡らせてから攻撃する。湿地ではなるべく戦わず、戦うときには木々を背にする。平地では、高い土地を右後ろに背負い、低いところにいる敵を攻撃する。2軍は高い場所と陽《ひなた》（南側）を優先するので、丘陵や堤防では、必ずその南側におり、それを右にし背にする。3絶澗《ぜっかん》・天《てん》井《せい》・天牢《てんろう》・天羅《てんら》・天陥《てんかん》・天隙《てんげき》という六害《りくがい》の地形では、なるべく遠ざかり、戦う時には自軍は敵に向かう形にする。4高低が入り乱れた地・池・草の多い地・木の多い地・覆い隠せる地は、伏兵の隠れる場所であり、慎重に捜索すべきである。近くても動かない敵は、布陣している土地が険阻であり、無理に攻めてはならず、遠くから戦いを挑んでくる敵の誘いに乗らないようにする。ここまでは地形を論じており、これより下は敵の情況を推測する手段を述べる。

5木の揺れ方、草の結び方、鳥の飛び方、獣の行動などの自然に関する情報を収集し、また砂塵のあがり方などを観察して、敵軍の動向を察知する。6敵の使者や軽車《けいしゃ》、敵軍の動きなどで敵と接触があった場合には、「兵は詭道」という思想に基づく虚々実々の駆け引きが展開される。7間諜により直接的な情報を得れば、さらに詳細な敵の情況を把握できる。これまで見てきたような方法で敵の情況を理解できれば、8兵力が多くなくとも、敵を破ることができる。このように敵の情報の収集と分析の重要性を主張したのち、行軍篇は最後に将と兵卒との信頼関係の重要性を説く。9将が兵卒に命令を行うには仁恩《じんおん》を用い、兵卒を整えるには軍法《ぐんぽう》を用いるのは、そのためである。

1　地の利

行軍《こうぐん》篇第九[一]

孫子はいう、およそ軍を置いて敵にむかう際に、山をわたるには（水や草に近い）谷により[二]、（山の）南側に沿って高いところにおり[三]、（自軍は）高い場所で戦い（より高い場所にいる敵を迎撃するために）登ることはない[四]、これが山にいる軍（の戦い方）である。川を渡るには必ず川から遠ざかり（敵を引きつけ）[五]、敵が川を渡って来たら、川の中で迎撃せず、（敵に川を）半分ほど渡らせてからこれを攻撃すると（敵は勢を合わせられず、戦いに）利がある[六]。戦いたいと思うものは、川に近づいて敵を迎撃することなく[七]、（後方の山の）南側に沿って高いところにいれば[八]、川の流れを（自軍に）注がれることはない[九]。これが川のほとりにいる軍（の戦い方）である。（湿地である）斥沢《せきたく》をわたるには、ただ速《すみ》やかに立ち去り留まらないようにする。もし兵を湿地で交《まじ》えれば、必ず水や草の近くで、木々を背にする[10]。これが湿地にいる軍（の戦い方）である。平地では平坦な場所におり[11]、高い土地を右にして背とし、（低い土地である）死を前にして（高い土地である）生を後にする[12]。これが平地にいる軍（の戦い方）である。およそこの四つの軍の（地の）利は、黄帝《こうてい》が四帝に勝った理由である[13]。

[一]（行軍するには）都合のよい地や方法を選んで行く。

[二]（谷は）水や草に近く、都合がよい。

[三] 生とは、陽《ひなた》（山の南側）である。

[四]（高い場所で戦えば）高い（敵を）迎撃することが無いためである。

[五]（川を渡れば川から遠ざかるのは）敵を引きつけ（川を）渡らせるためである。

[六]（敵軍が川を）半分渡れば、（敵兵の半分は川にいるので）勢は合わせることができない、そのため（敵を）破れるのである。

[七] 附は、近づくという意味である。

[八] 川のほとり（の自軍）は高い場所にいるべきで、前方は川に向かい、後方に高い場所があるところに（軍を）置くべきである。

[九]（川の流れが）自軍に注《そそ》がれることを恐れるためである。

[一〇] 自軍は敵軍と湿地で会戦してはならない。

[一一]（易《い》〈平坦な土地〉は）車や騎馬（の運用）に利があるためである。

[一二] 戦に便利なためである。

［三］黄帝《こうてい》がはじめて帝として即位したとき、四方の諸侯もまた帝を称した。黄帝は四つの地（の利）によって諸侯に勝利した。

【読み下し】

行軍第九［一］

孫子曰《いは》く、凡《およ》そ軍を処《を》らしめ敵に相《むか》ふに、山を絶《わた》るには谷に依り［二］、生に視《のっと》り高きに処り［三］、隆《たか》きに戦ひ登ること無し［四］、此《こ》れ山に処るの軍なり。水を絶《わた》るには必ず水より遠ざかり［五］、客 水を絶りて来たれば、水の内に迎ふること勿《な》く、半渡《はんと》せしめて之《これ》を撃たば利あり［六］。戦はんと欲する者は、水に附《ちか》づきて客を迎ふること無く［七］、生に視り高きに処らば［八］、水の流れを迎ふること無し［九］。此れ水の上《ほとり》に処るの軍なり。斥沢《せきたく》を絶るには、唯《た》だ亟《すみ》やかに去り留《とど》まること無し。若《も》し軍を斥沢の中に交《まじ》ふれば、必ず水草に依りて、衆樹を背にす［一〇］。此れ斥沢に処るの軍なり。平陸《へいりく》は易《い》に処り［一一］、高きを右にし背にし、死を前にし生を後にす［一二］。此れ平陸に処るの軍なり。凡そ此《こ》の四軍の利は、黄帝《くわうてい》の四帝に勝ちし所以《ゆゑん》なり［一三］。

［一］便利を択《えら》びて行くなり。
［二］水・草に近く、便利なり。
［三］生者《とは》、陽《ひなた》なり。
［四］高きを迎ふること無ければなり。

［五］敵を引き渡らしむるなり。

［六］半渡せば、勢は併《あ》はす可からず、故に敗る可し。

［七］附は、近なり。

［八］水の上《ほとり》は当《まさ》に其の高きに処るべく、前に水に向《む》かひ、後に当に高きに依りて処るべし。

［九］我に濺《そそ》がるるを恐るればなり。

［一〇］己《おのれ》は敵と斥沢の中に会するを得ず。

［一一］車・騎の利あればなり。

［一二］戦《たたかひ》に便なればなり。

［一三］黄帝の始めて立つや、四方の諸侯も亦《ま》た帝を称す。此《こ》れ四地を以《もっ》て之に勝つなり。


【補注】

○水を絶《わた》るには必ず水より遠ざかり　唐の杜牧《とぼく》は、魏の郭淮《かくわい》が劉備《りゅうび》と漢水《かんすい》で対峙したとき、漢水から遠ざかって陣を布き、劉備をいたらせ、川の途中で打とうとしたが、劉備がそれを見抜いて漢水を渡らなかったことを事例に挙げる。○半渡《はんと》せしめて之を撃たば利あり　唐の杜牧は、楚漢戦争の際、漢軍が楚《そ》の曹咎《そうきゅう》に汜水《しすい》を半分ほど渡らせて撃破したことを事例に挙げる。北宋の張預《ちょうよ》は、同様な事例として、後漢末に公孫瓚《こうそうさん》が黄巾《こうきん》を東光《とうこう》で破った事例を挙げる。○四帝　北宋の梅尭臣《ばいぎょうしん》と王晳《おうせき》は、「四帝」は「四軍」の誤りである、とする。

【解説】

行軍するには、都合のよい地や方法を選ぶが、ここでは四つの場所の「地の利」が説明される。山にいる軍は、山の南側に沿って移動して高い場所で戦う。川のほとりにいる軍は、敵に川を半分ほど渡らせてから攻撃する。湿地ではなるべく戦わず、戦うときには木々を背にする。平地では、高い土地を右後ろに背負い、低いところにいる敵を攻撃する。

ここでもまた、先に戦場に着くことにより、有利な地に布陣することが可能となるため、「軍争《ぐんそう》」が必要である。敵の虚を衝《つ》き、自らが「虚」となる虚実《きょじつ》を用いることで、軍争を有利に進めることが、緒戦の重要な点となろう。

2　軍を置く場所

およそ軍は高所を好み低所を嫌い、陽《ひなた》〈南側〉を優先し陰《ひかげ》〈北側〉を後にする。(それにより) 生を養い高い場所におり、軍にあらゆる弊害がない、これを必ず勝つという[一四]。丘陵や堤防では、必ずその南側におり、それを右にし背にする。これが兵の利であり、地の助けである。(川の) 上流に雨がふり、水泡《すいほう》が流れてくれば、(川を) 渡ろうとする者は、それが落ち着くまで待つ[一五]。

[一四] 満ち足りて充実していることによる。生を養うためには、水や草に向かって (軍を

置き）、放牧して家畜・軍馬を養うべきである。実は、高いというような意味である。

［一五］（川を）途中まで渡って水が急に漲《みなぎ》ることを恐れるためである。

【読み下し】

凡そ軍は高きを好みて下《ひく》きを悪《にく》み、陽を貴びて陰を賤《いや》しむ。生を養ひて実《たかき》に処《を》り、軍に百疾《しっ》無し、是《こ》れ必ず勝つと謂《い》ふ［一四］。丘陵・隄防には、必ず其の陽に処りて、之を右にし背にす。此れ兵の利、地の助《たすけ》なり。上に雨ふり、水沫《すいまつ》至らば、渉《わた》らんと欲する者は、其の定まるを待つなり［一五］。

［一四］満実《まんじつ》なるを恃《たの》むなり。生を養ふは、水・草に向かひて、放牧し畜・乗を養ふ可し。
　実は、猶《お》ほ高のごときなり。

［一五］半渡して水 遽《には》かに漲《みなぎ》るを恐るればなり。

【補注】

○乗　ここでは軍馬。本来は兵車を数える単位。

【解説】

軍は高い場所と陽（南側）を優先するので、丘陵や堤防では、必ずその南側におり、それを右にし背にするのが、兵の地の利である。

3 危険な地形

およそ地に（深い渓谷である）絶澗《ぜっかん》・（四方が高く水がたまる）天井《てんせい》・（深い山の道で暗く籠《かご》のような）天牢《てんろう》・（網《あみ》で人を閉ざすような）天羅《てんら》・（陥没した窪地の）天陥《てんかん》・（谷の狭い道の）天隙《てんげき》（という六害の地）があれば、必ず速《すみ》やかにこれらの地から去り、近づいてはならない［一六］。自軍はこれらの地より遠ざかり、敵はこれらの地に近づかせる。自軍はこれらに向かい、敵はこれらの地を背にさせる［一七］。

［一六］山が深く水が多く流れている渓谷は絶澗である。四方が高く中央が低い（ため水が集まる）ところは天井である。深い山の通路で暗い籠のような地形は天牢である。網で人を閉ざすことができる地形は天羅である。地形で陥没している窪地は天陥である。谷の道が狭隘で、その深さが数丈《じょう》〔丈は約二・三メートル〕に及ぶものは天隙である。

［一七］兵を用いるには常に（絶澗・天井・天牢・天羅・天陥・天隙の）六害を遠ざけて、敵を六害に近く背にさせれば、自軍に利があり敵に凶がある。

【読み下し】

凡《およ》そ地に絶澗・天井・天牢・天羅・天陥・天隙有れば、必ず亟《すみ》やかに之《これ》より去り、近づくこと勿《な》かれ[一六]。吾は之より遠ざかり、敵は之に近づけしむ。吾は之を迎へ、敵は之を背にせしむ[一七]。

[一六] 山 深く水 大なる者は絶澗為《た》り。四方 高く中央 下《ひく》き者は天井為り。深き山の過《よ》ぐる所 蒙籠《もうろう》なるが若《ごと》き者は天牢為り。羅《あみ》を以《もっ》て人を絶つ可《べ》き者は天羅為り。地形の陥《かん》なる者は天陥為り。澗道迫狭《かんどうはくけふ》して、深きこと数丈なる者は天隙為り。

[一七] 兵を用ふるには常に六害《りくがい》を遠ざけ、敵をして之に近背《きんはい》せしむれば、則ち我に利あり敵に凶あり。

【補注】

○絶澗　北宋の梅尭臣《ばいぎょうしん》は、「絶天澗」の「天」の字がかけたもので、「天澗」と六害すべて「天」が付くのではないか、と考える。

【解説】

絶澗・天井・天牢・天羅・天陥・天隙という六害の地形では、なるべく遠ざかり、戦う時には自軍は敵に向かう形にする。

4 伏兵のいる場所

軍のそばに険阻《けんそ》〔高低が入り乱れた地〕・潢井《こうせい》〔池〕・蒹葭《けんか》〔草の多い地〕・林木《りんぼく》〔木の多い地〕・蘙薈《えいわい》〔覆い隠せる地〕がある場合には、必ず慎重にそれを探索しなければならない。ここは伏兵《ふくへい》が隠れる場所だからである[一八]。敵が近くて動かないのは、その地が険阻であることに頼っているからである。遠くから戦いを挑《いど》んでくる者は、相手が進むことを求めているのである。布陣している地が平坦なのは、利があるためである[一九]。

[一八] 険というのは、高低が入り乱れる地である。阻というのは、水が多い地である。潢《こう》というのは、池である。井《せい》というのは、低い地である。蒹葭というのは、多くの草が集まっているところである。林木というのは、多くの木があるところである。蘙薈というのは、隠し覆うことができる地である。（本文の）これより上は地形を論じ、これより下は敵情を図る。

[一九]（軍が）いるところが有利だからである。

【読み下し】

軍の旁《かたはら》に険阻・潢井・蒹葭・林木・蘙薈有る者は、必ず謹みて之を覆索《ふくさく》す。此れ姦《かん》を伏するの所なればなり[一八]。敵 近くして静かなる者は、其の険を恃《たの》めばなり。遠くして 戦《たたかひ》を挑む者は、人の進むを欲すればなり。其の居《を》る所 易《い》なる者は、利あればなり[一九]。

[一八] 険なる者は、一《ある》いは高く一《ある》いは下《ひく》き地なり。阻なる者は、水多きなり。潢なる者は、池なり。井なる者は、下なり。蒹葭なる者は、衆草の聚《あつ》まる所なり。林木なる者は、衆木の居る所なり。蘙薈なる者は、以て屏蔽《へいへい》す可きの処《ところ》なり。此れより以上は地形を論じ、以下は敵情を相《はか》るなり。

[一九] 居る所 利あればなり。

【補注】

○伏姦　北宋の張預《ちょうよ》は、伏兵だけでなく間諜も含まれるとする。

【解説】

軍を置く場合には、高低が入り乱れた地・池・草の多い地・木の多い地・覆い隠せる地などを慎重に捜索すべきである。これらの場所が、伏兵の隠れる場所だからである。そして、近くても動かない敵は、布陣している土地が険阻であり、無理に攻めてならず、遠くから戦いを挑んでくる敵の誘いに乗らないようにする。ここまでは地形を論じており、これより下は敵の情況を推測する手段を述べる。

5　自然の情報

多くの木が揺《ゆ》れ動くのは、（敵が）来るのである[三〇]。多くの草が障害となっているのは、（敵が来ていると）疑わせるのである[三一]。鳥が（真上に）飛び立つのは、（その下に）伏兵がいるのである[三二]。獣《けもの》が驚いているのは、（敵が陣を広げ自軍を）包囲するのである[三三]。砂塵《さじん》が高く激しく舞い上がるのは、戦車が来たのである。（砂塵が）低く広いのは、歩兵が来たのである。散在して筋のように（砂塵が）あがるのは、木を伐採しているのである。（砂塵が）少なく往来しているのは、陣を造営しているのである。

[三〇]（多くの木が揺れ動くのは）樹木を切り倒して、道を開いているためである。
[三一] 草を結んで障害物とするのは、自軍を疑わせようしているためである。
[三二] 鳥が真上に飛び立てば、その下には伏兵がいる。
[三三]（獣が驚いているのは）敵が陣を広げ翼《つばさ》を張って、やって来て自軍を包囲するためである。

【読み下し】
衆樹の動く者は、来たるなり[三〇]。衆草の多く障《さは》る者は、疑はしむるなり[三一]。鳥の起《た》つ者は、伏するなり[三二]。獣の駭《おどろ》く者は、覆《おほ》ふなり[三三]。塵 高くして鋭き者は、車の来たるなり。卑《ひく》くして広き者は、徒《と》の来たるなり。散にして条達なる者は、樵採《せうさい》するなり。少くして往来する者は、軍を営むなり。

［三〇］樹木を斬伐《ざんばつ》し、道を除《ひら》けばなり。

［三一］草を結びて障《さはり》と為すは、我をして疑はしめんと欲すればなり。

［三二］鳥其の上に起《た》たば、下に伏兵有り。

［三三］敵陣《ぢん》を広げ翼《よく》を張り、来たりて我を覆へばなり。

【補注】

○日本では、源 義家《みなもとのよしいえ》が、前九年・後三年の役《えき》の折、鳥が真上に飛び立つのを見て伏兵を察知し、敵を破ったことが、『古今著聞集《ここんちょもんじゅう》』に記録されている。○唐の杜牧《とぼく》は、車馬の行くのが速いと、必ず魚が縦に並ぶように列をなすので、塵が高く細く舞い上がる、とする。○唐の杜牧は、歩兵の行軍は遅いが、並んで列をなすため、舞い上がる塵が低く広い、とする。○唐の杜牧は、樵採する者は、それぞれ向かうところがあるため、塵埃は散漫となりそれぞれ細く立ち上り、縦横に走り繋がったり途切れたりするさまになる、とする。○唐の杜牧は、陣営や土塁を立てようと思えば、軽兵を往来させて斥候させるため、立ち上る砂塵は少ない、とする。

【解説】

木の揺れ方、草の結び方、鳥の飛び方、獣の行動などの自然に関する情報を収集し、また砂塵のあがり方などを観察して、敵軍の動向を察知する。敵との接触があれば、次の段落のような動向が推察可能となる。

6　敵の状態

（敵の使者の）言葉が遜《へりくだ》って（いながら、一方で）軍備を増やしているのは、進軍するのである[三四]。言葉が強気であり進撃してくるのは（脅しているのであり、こののち）、退却するのである[三五]。軽車《けいしゃ》が先に出て、部隊の側にいるのは、陣を布いているのである[三六]。（人質を伴う）盟約《めいやく》もなく和平を請うのは、謀略である[三七]。走りまわって兵をならべているのは、期《とき》（機会）を窺《うかが》っているのである。半分進み半分退くのは、誘っているのである。

[三四] 敵軍の使者が来て（その外交の）言葉が遜《へりくだ》っている際には、間諜《かんちょう》に敵を偵察《ていさつ》させる。敵は備えを増しているからである。

[三五] （言葉が強気で進撃するのは、退こうとしているのを）欺《あざむ》いているのである。

[三六] 兵を布陣するのは、攻撃して戦おうとしているのである。

[三七] 人質を渡す盟約ではなく和平を請う者は、必ず人を謀略にかけようとしているのである。

【読み下し】

辞卑《ひく》くして備《そな》へを益す者は、進むなり[二四]。辞強くして進駆《しんく》する者は、退くなり[二五]。軽車先《ま》づ出でて、其の側に居《を》る者は、陳《ぢん》するなり[二六]。約無くして和を請ふ者は、謀るなり[二七]。奔走して兵を陳《なら》ぶる者は、期するなり。半ば進み半ば退く者は、誘ふなり。

[二四] 其の使来たりて辞卑きは、間《かん》をして之を視《み》しむ。敵人備《そなへ》を増せばなり。

[二五] 詭詐《きさ》するなり。

[二六] 兵を陳《なら》ぶるは、攻めて戦はんと欲するなり。

[二七] 質盟《しつめい》の約無く和を請ふ者は、必ず人に謀《はか》ること有るなり。

【補注】

○軽車　馳車《ちしゃ》であり、四頭の馬を車につけている。

【解説】

敵の使者の言葉が遜っていれば敵の進軍、強気であれば、敵の退却に備える。敵の軽車が先に出れば、陣を布いており、盟約なく和平を請う敵は、謀略にかけようとしている。走りまわって兵を並べている敵は、機会を窺い、半分進み半分退く敵は、誘っている。このように、敵との接触があった場合には、「兵は詭道」、すなわち欺き合いである、という思想に基づいた、虚々実々の駆け引きが展開される。

7　敵の情報

杖《つえ》をついて立っているのは、飢えているのである。（水を）汲《く》んで先に飲むのは、渇《かわ》いているのである。利を見て進まないのは、（士卒が）疲れているのである[二八]。鳥が集まるのは、（そこに軍がなく）空虚なのである。夜に叫ぶのは、恐れているのである[二九]。軍が乱れているのは、将に威厳《いげん》がないのである。旗が動くのは、（規律が）乱れているのである。軍《ぐん》吏《り》が怒っているのは、嫌になっているのである。馬を殺してその肉を食べているのは、軍に兵糧がないのである。炊具《すいぐ》を懸《か》けてその兵舎に帰還しないのは、（食べ物に）窮《きゅう》して略奪に出るのである。（仲間と）ひそひそと語り失望して、ひそかに人と話しているのは、（将が）兵卒（の心）を失っているためである[三〇]。頻繁《ひんぱん》に褒賞《ほうしょう》を与えるのは、行き詰まったのである。頻繁に罰則《ばっそく》を与えるのは、困惑しているのである。先に（敵を軽んじて）激しかったのに後に敵が大軍であることを恐れているのは、（心が恐れて敵軍を）精密に分析しなかったためである[三一]。（敵が）やってきて贈り物をしてわびるのは、休もうとしているのである。兵が怒って立ち向かってきたのに、久しく合戦もせず、また退却もしなければ、（奇兵・伏兵がないか）必ず慎重に調べてみる[三二]。

[二八]（利があるのに進まないのは）士卒が疲労しているためである。

[二九]　兵士が夜に叫ぶのは、将に勇がないためである。
[三〇]　諄諄《じゅんじゅん》は、（ひそひそと）語る様子である。翕翕《きゅうきゅう》は、志《こころざし》を失った様子である。
[三一]　先に敵を軽視して、その後に敵が多いことを聞くのは、心がこれを恐れていたのである。
[三二]　奇兵《きへい》や伏兵《ふくへい》に備えるためである。

【読み下し】

杖《つゑつ》きて立つ者は、飢《う》うるなり。汲みて先づ飲む者は、渇《かわ》くなり。利を見て進まざる者は、労《つか》れるなり[二八]。鳥集まる者は、虚なるなり。夜呼《さけ》ぶ者は、恐るるなり[二九]。軍の擾《みだ》るる者は、将重からざるなり。旌旗《せいき》の動く者は、乱るるなり。吏の怒る者は、倦《う》むなり。馬を殺して肉食する者は、軍に糧《かて》無きなり。缻《ふ》を懸《か》け其の舎に返らざる者は、窮して寇するなり。諄諄翕翕《きゅうきゅう》として、徐《しづか》に人と言ふ者は、衆を失ふなり[三〇]。数々《しばしば》賞する者は、窘《せま》るなり。数々罰する者は、困《くる》しむなり。先に暴にして後に其の衆《おほ》きを畏《おそ》るる者は、精ならざるの至りなり[三一]。来たりて委謝《いしゃ》する者は、休息せんと欲するなり。兵怒りて相《あい》迎へ、久しくして合はず、又相去らざるは、必ず謹みて之を察す[三二]。

[二八]　士卒疲労すればなり。
[二九]　軍士夜に呼《さけ》ぶは、将に勇あらざればなり。
[三〇]　諄諄は、語る貌《ばう》なり。翕翕は、志を失ふの貌なり。

[三二] 先に敵を軽んじ、後に其の衆《おほ》きを聞くは、則ち心 之を悪《おそ》るるなり。

[三三] 奇伏に備ふればなり。

【補注】

○将 重からざるなり　北宋の張預《ちょうよ》は、この逆の事例として曹操の武将である張 遼《ちょうりょう》の威厳をあげる。張遼が長社《ちょうしゃ》に駐屯した際、夜に軍中に騒乱がおき、一軍が 尽《ことごと》く乱れた。張遼は左右に、「動くな。これは造反者がおり、兵を乱そうとしているだけである」と言った。張遼は陣中に屹立し、しばらくして兵は収まったという。

【解説】

間諜により直接的な情報を得れば、さらに詳細な敵の情況を把握できる。用間篇を設けて、間諜のあり方を論じる理由である。

8　謀略

兵力は（謀略により力を等しくするので）ますます多いことを尊重するわけではない[三三]。ただ武だけで進むことはなく[三四]、力を合わせて敵（の情況）を理解すれば、（廝養《しよう》ですら）敵を破ることができる[三五]。そもそも深謀遠慮《しんぼうえんりょ》もなく敵を侮《あなど》るものは、必ず敵に捕らえられる。

〔三三〕謀略により力を等しくするのである。

〔三四〕（ただ武だけで進めば）まだ（相手の応じた戦い方の）よい方法を見つけていないからである。

〔三五〕（軍の力をあわせて、敵をはかれば）断養でも（敵を破るのに）十分である。

【読み下し】

兵は益々多きを貴ぶには非《あら》ず〔三三〕。惟《た》だ武もて進むこと無く〔三四〕、力を併《あ》はせて以て敵を料《はか》らば、人を取るに足るのみ〔三五〕。夫《そ》れ唯《た》だ慮《おもんぱかり》無くして敵を易《あなど》る者は、必ず人に擒《と》らへらる。

〔三三〕権《けん》もて力　均しくするなり。

〔三四〕未だ便を見ざればなり。

〔三五〕断養もて足るなり。

【補注】

○断養　薪《まき》を取り馬を養《やしな》う後方支援部隊。

【解説】

兵力は多ければよいわけではない。これまで見てきたような方法で敵の情況を理解できれば、後方支援部隊ですら敵を破ることができる、と述べて、敵の情報の収集と分析の重要性を主張する。

9　文と武

兵卒がまだ（将に）親しんでいないのに罰を行えば、服従しない。服従しなければ用いることは難しい。兵卒がすでに親しんでいるのに罰を行わなければ、（兵卒は驕《おご》って怠惰《たいだ》となり）用いることができない[三六]。そのため兵卒に命令を行うには仁恩《じんおん》を用い、兵卒を整えるには軍法《ぐんぽう》を用いる[三七]。これを必ず勝つ（軍である）という。命令が平素より行われていて民草《たみくさ》を教化すれば、民草は服従する。命令が平素より行われておらずに民草を教化すれば、民草は服従しない。命令が平素から行われるのは、（将が兵になる）民草と信じ合っているためである。

[三六] 恩信をすでに広めても、もし刑罰がなければ、兵は驕って怠惰となり用いることが難しい。

[三七] 文は、仁である。武は、法である。

【読み下し】

卒 未《いま》だ親附《しんぷ》せざるも之を罰すれば、則ち服せず。服せざれば則ち用《もち》ひ難《がた》し。卒 已《すで》に親附す

るも罰 行はざれば、則ち用ふ可からざるなり[三六]。故に之に令するに文を以てし、之を斉《ととの》ふるに武を以てす[三七]。是《これ》を必ず取ると謂《い》ふ。令 素《もと》より行はれて以て其の民を教ふれば、則ち民 服す。令 素より行はれずして以て其の民を教ふれば、則ち民 服せず。令 素より行はるるは、衆と相《あい》得《う》ればなり。

[三六] 恩信 已に洽《あまね》くするも、若《も》し刑罰無《な》くんば、則ち驕惰《けうだ》して用ひ難し。

[三七] 文は、仁なり。武は、法なり。

【補注】

○令 素より行はるるは…　北宋の張預《ちょうよ》は、上は信により民草を用い、民草は信により上に帰服する、これが上下が相互に信頼しあっていることである。○文は、仁なり　唐の李筌《りせん》は、文を恩仁、武を威罰とする。

【解説】

将が兵卒に命令を行うには仁恩《じんおん》を用い、兵卒を整えるには軍法《ぐんぽう》を用いることが重要である。これを『孫子』は、「文」・「武」という概念で表現し、魏武注はそれを「仁」・「法」と解釈した。訳では李筌の解釈も踏まえて、それぞれ「仁恩」・「軍法」としている。

【実戦事例十六　諸葛亮の信】

「令　素より行はるるは、衆と相《あい》得《う》ればなり」

曹魏の明帝《めいてい》は自ら蜀を征討しようと、長安《ちょうあん》に行幸し、宣王《せんおう》（司馬懿《しばい》）を派遣して張郃《ちょうこう》などの諸軍を監督させ、雍州《ようしゅう》と涼州《りょうしゅう》の強卒が三十余万、軍をひそめて密かに進み、剣閣《けんかく》（四川省広元市）に向かうことを図った。

諸葛亮はそのとき祁山《きざん》にあり、軍旗も武器も整い、守るは険要《けんよう》の地であるため、十分の二を代わる代わる下山させ、（祁山に）ある者は八万であった。魏軍が陣を布き始めたとき、帰還兵は交替の時期にあたっていた。参謀は、みな賊の勢力が強大であるので、力でなければ抑えられないので、かりに兵を下山させることを一ヵ月停止し、勢力を結集すべきであるとした。

諸葛亮は、「吾《わたし》は軍事を指揮して軍隊を動かすには、大いなる信を根本としている。原《げん》城《じょう》を得るために信を失うことは、古人の惜んだことである（『春秋左氏伝』僖公《きこう》伝二十五年）。（交替のため）去る者は身支度を整えて期日を待ち、（その）妻子は鶴のように首を長くして（帰って来る）日を数えている。（たとえ）征討が困難に直面するとしても、義として（交替を）中止とすることはできない」と言った。（諸葛亮は）みなを促して帰らせようとした。

ここにおいて帰還する者は感激して、留って共に戦うことを願い、留まる者は奮起して、死を懸けて戦おうと思った。互いに語りあって、「諸葛公の恩は、死んでも報いきれないほどである」と言った。戦いに臨む日には、刃を抜いて先を争わないものはなく、一人で十人に当たり、張部を殺し、宣王を退けた。一度戦って大いに勝利をしたのは、これこそ信のたまものである（『三国志』巻三十五　諸葛亮伝注引郭沖《かくちゅう》の五事）。

地形篇　第十

戦いにおいて最も重要な情報の一つである地形について、『孫子』は、六種の地形とそれに応じた戦い方を述べる。1四方に達する「通《つう》」では、自軍が先に高い南向きの地に居り、糧道を確保して戦う。険阻《けんそ》で互いの勢力圏が交錯《こうさく》する「掛《かい》」では、敵の備えがなければ出る。険阻な地に挟まれた狭隘《きょうあい》な地である「支《し》」では、敵を半分ほど出させてこれを撃つ。二つの山あいを通る谷間である「隘《あい》」では、自軍の兵を満たして敵を待つ。山川や丘陵である「険《けん》」では、必ず先に南向きの地に居り敵を待つ。互いに遠い平らな陸地である「遠《えん》」では、勢が等しければ、戦っても利がないのである。2ここでは地形とは別に、「走る」「弛《ゆる》む」「陥《おちい》る」「崩れる」「乱れる」「北《に》げる」という軍の六種の敗北を論じ、その原因は将にある、とする。3地形は軍の助けであり、地形を知って戦いに用いる将は、必ず勝つ。その場合に将は君主に必ずしも従う必要はない、として将の話に転ずる。4将は、兵卒を大切にすることは赤子のようにするので、兵卒は将のために死ぬ。ただし、愛するだけで命令ができないと乱れて統率できなくなる。

このように、敵軍のあり方だけではなく、敵と戦う地形を知り、それに応じた戦い方を取ることにより、有利に戦いを始め、勝利に結びつけることができる。5敵が攻撃できるぐらい弱く、自軍が攻撃できるぐらい強い場合にも、地形が戦うべきか否かが分からなければ、勝利の可能性は半分である。戦いにおける地形の重要性は、それほどまでに高いのである。

1　六種の地形

地形篇第十[一]

孫子はいう、地形には（四方に達する）通《つう》という地があり、（険阻《けんそ》で互いの勢力圏が交錯《こうさく》する）掛《かい》という地があり、（険阻な地に挟まれた狭隘《きょうあい》な地である）支《し》という地があり、（二つの山あいを通る谷間である）隘《あい》という地があり、（山川や丘陵である）険《けん》という地があり、（互いに遠い平らな陸地である）遠《えん》という地がある[二]。自軍が行くことができ、敵も来ることができる地は、通という。通の地形では、（自軍が）先に高い南向きの地に居り、糧道を確保して戦えば、（自軍に）利がある[三]。（自軍が）行くことができ、帰りにくい地は、掛という。掛の地形では、敵の備えがなければ、そこに出て敵に勝つ。敵にもし備えがあれば、出ても勝てず、帰りにくく、（自軍に）利がない。自軍が出ても利がなく、敵が出ても利がない地は、支という。支の地形では、敵が自軍に利をくわせても、自軍から出てはならない。（軍を）引いて支の地より退き、敵を半分ほど出させてこれを撃てば、（自軍に）利がある。隘の地形では、自軍が先に（その地に）いれば、かならずその地に（自軍の兵を）満たして敵を待つ。もし敵が先にこの地に居り、（敵が兵を）満たしていれば追って（攻めて）はならない。（敵が兵を）満たしていなければ追って（攻めに）いく[四]。険の地形では、自軍が先にこの地にいれば、必ず高く南向きの地に居り敵を待つ。もし敵が先にこの地にいれば、兵を引いてこの地から退き、追ってはならない[五]。遠の地形では、（自軍と敵の）勢が等しければ、敵を引き入れにくく、戦っても利がない[六]。およそこの六つの地への対応は、地の原則である。将の最高任務であり、十分に考えなければならない。

[一] 戦おうと思えば、地形を詳細に（把握）して勝ちを得るのである。

[二] この六つ（通・掛・支・隘・険・遠）は、地の形である。

[三] 敵を引き寄せても、敵に引き寄せられてはならない。

[四] 隘の形とは、二つの山の間で谷を通る（切り通しのような）地である。（そこでは）敵は（高地を利用するなど）勢《せい》により自軍を乱すことができない。自軍が先にこの地にいれば、必ず前で狭い入り口を限り、陣をおいてそこを守り、そのうえで奇兵を出すのである。敵がもし先にこの地におり、狭い入り口を限って陣をおいていれば、追って（攻めて）はならない。もし半分だけ狭隘《きょうあい》な地に陣をおいていれば追い、敵と地の利を分かつ。

[五] 地形が険阻《けんそ》狭隘な所では、もっとも敵に引き入れられてはならない。

[六] 戦いを挑むというのは、敵を（こちらに）誘い込むことである。

【読み下し】

地形第十[一]

孫子曰く、地形に通《つう》なる者有り、掛《くわい》なる者有り、支《し》なる者有り、隘なる者有り、険《けん》なる者有り、遠《えん》なる者有るなり[二]。我 以《もっ》て往く可《べ》く、彼 以て来たる可きは、通と曰《い》ふ。通の形なる者は、先に高陽《かうやう》に居り、糧道を利して以て戦へば、則ち利あり[三]。以て往く可く、以て返り難《がた》きは、掛と曰ふ。掛の形なる者は、敵の備《そなへ》無くんば、出《い》でて之《これ》に勝つ。敵に若《も》し備有らば、出づるも勝たず、以て返り難く、利あらず。我 出でて利あらず、彼 出でて利あらざるは、支と曰ふ。支の形なる者は、敵 我に利すと雖《いへど》も、我 出づること無かれ。引きて之より去り、敵をして半《なか》ば出でしめて之を撃たば、利あり。隘の形なる者は、我 先に之に居《を》らば、必ず之に盈《み》ちて以て敵を待つ。若し敵 先に之に居り、盈たば従ふこと勿《な》かれ。盈たずんば之に従ふ[四]。険の形なる者は、我 先に之に居らば、必ず高陽に居りて以て敵を待つ。若し敵 先に之に居らば、引きて之より去り、従ふこと勿かれ[五]。遠の形なる者は、勢 均しければ、以て 戦《たたかひ》 を挑み難く、戦へども利あらず[六]。凡そ此の六者は、地の道なり。将の至任にして、察せざる可からざるなり。

[一] 戦はんと欲すれば、地形を審《つまび》らかにして以て勝《かち》を立つるなり。
[二] 此《こ》の六者は、地の形なり。
[三] 寧《むし》ろ人を致《いた》すも、人に致さるること無かれ。
[四] 隘《あい》の形なる者は、両山の間 谷を通るなり。敵 勢として我を撓《みだ》すを得ざるなり。我

先に之に居《を》らば、必ず前に隘口《あいこう》を斉《かぎ》り、陳《ぢん》して之を守り、以て奇を出だすなり。敵若《も》し先に此の地に居り、隘口を斉りて陳すれば、従ふこと勿かれ。即《も》し半ば隘なるに陳する者は之に従ひ、而《しか》も敵と此の利を共にするなり。

［五］地の険隘なるは、尤《もつと》も人に致せらる可からざるなり。

［六］戦《たたかひ》を挑《いど》む者《とは》、敵を延《ひきい》るるなり。

【補注】

○高陽　高い南向きの土地。行軍篇に「視生処高」とあり、その魏武注に「生者、陽也」とある。陽は、ひなた、南向きである。

【解説】

ここでは六種の地形ごとの戦い方を論ずる。四方に達する「通」では、自軍が先に高い南向きの地に居り、糧道を確保して戦う。険阻で互いの勢力圏が交錯する「掛」では、敵の備えがなければ出る。険阻な地に挟まれた狭隘な地である「支」では、敵を半分ほど出させてこれを撃つ。二つの山あいを通る谷間である「隘」では、自軍の兵を満たして敵を待つ。山川や丘陵である「険」では、必ず先に南向きの地に居り敵を待つ。互いに遠い平らな陸地である「遠」では、勢が等しければ、戦っても利がないのである。

このように六種の地形での戦い方を検討していくと、いかに困難であっても、敵よりも先に戦場に到達すること、すなわち「軍争《ぐんそう》」の重要性を再確認できる。

2　六種の敗因

さて軍隊には走るというものがあり、弛《ゆる》むというものがあり、陥《おちい》るというものがあり、崩れるというものがあり、乱れるというものがあり、北《に》げるというものがある。およそこの六者は、天地の災いではなく、将の誤りによ（りおこ）る。そもそも（自軍と敵の）勢が等しく、一（の戦力）で十（の戦力）を攻撃するものは、（戦力をはかっていないので）走る（かなわずに逃走する）という[七]。兵卒が強くとも軍吏が弱いものは、（軍吏が兵卒を統率できず、統制が取れずに）弛むという[八]。軍吏が強くとも兵卒が弱いものは、（軍吏が進撃するたびに兵卒がついてこられず、無理をして危険に）陥るという[九]。小将《しょうしょう》が（大将に）怒られて心服せず、敵に遭遇すれば（大将に）怨みを持って独断で戦い、大将が小将の（怒りにまかせ敵の戦力の軽重を量らないという）能力を把握していないのは、軍勢が崩れるという[一〇]。将が軟弱で威厳がなく、（軍の）綱紀《こうき》が明確ではなく、軍吏と兵卒に常態がなく、軍の布陣が不統一なのは、（軍紀が）乱れるという[一一]。将が敵の戦力をはかれず、無勢《ぶぜい》で多勢と合戦し、弱兵で強兵を攻撃し、兵に精鋭がいないものは、北《に》げる〔弱体で敗北する〕という[一二]。およそこの六者は、（戦っても）敗れる原則である。将の最高任務であり、十分に考えなければならない。

［七］（敵の戦）力をはからないためである。

［八］軍吏が兵卒を統率できないので、（軍が）弛《ゆる》み壊《こわ》れるのである。

［九］軍吏が強く進撃しようと思っても、兵卒が弱ければ、そのたびに（危険に）陥《おち》い》り敗れるのである。

［一〇］大吏《だいり》とは、小将である。大将が小将を怒り、（小将は）心では服従せず、恨んで敵に向かい、（敵の戦力の）軽重をはからないので、必ず（自軍が）崩壊するのである。

［一一］将のあり方がこのようであるのは、乱への道である。

［一二］軍の勢《せい》がこのようであるのは、必ず敗走する軍である。


【読み下し】

故に兵には走る者有り、弛《ゆる》む者有り、陥《おちい》る者有り、崩るる者有り、乱るる者有り、北《に》ぐる者有り。凡《およ》そ此《こ》の六者は、天地の災《わざはひ》に非ず、将の過ちなり。夫《そ》れ勢 均しくして、一《いつ》を以て十を撃つは、走ると曰ふ［七］。卒 強きも吏 弱きは、弛むと曰ふ［八］。吏 強きも卒 弱きは、陥ると曰ふ［九］。大吏 怒られて服せず、敵に遇へば懟《うら》みて自ら戦ひ、将 其の能を知らざるは、崩ると曰ふ［一〇］。将 弱く厳ならず、教道 明らかならず、吏卒に常無く、兵を陳《なら》ぶること縦横なるは、乱ると曰ふ［一一］。将 敵を料《はか》る能はず、少きを以て衆《おほ》きに合《あ》ひ、弱きを以て強きを撃ち、兵に選鋒《せんぽう》無きは、北《に》ぐと曰ふ［一二］。凡そ此の六者は、敗るるの道なり。将の至任にして、察せざる可からざるなり。

［七］力を料《はか》らざればなり。
［八］吏 卒を統《す》ぶる能はず、故に弛壊《しくわい》するなり。
［九］吏 強く進まんと欲するも、卒 弱ければ、輒《すなは》ち陥敗《かんぱい》するなり。
［一〇］大吏は、小将なり。大将 之を怒り、心 圧服せず、忿《うら》みて敵に赴き、軽重を量《はか》らずんば、則ち必ず崩壊するなり。
［一一］将為《た》ること此《か》くの若《ごと》きは、乱の道なり。
［一二］其の勢 此くの若きは、必ず走るの兵なり。

【解説】

ここでは地形とは別に、軍の六種の敗北を論ずる。敵の戦力を計っていなかったので、かなわずに逃走する「走る」、軍吏が兵卒を統率できないので、統制が取れずにたるむ「弛む」、軍吏が進撃するたびに兵卒がついていけずに無理をして危険な状態になる「陥る」、大将が小将の能力を把握できずに軍勢が崩壊する「崩れる」、軍吏と兵卒に常態がなく軍の布陣が不統一で、軍紀が紊乱《びんらん》する「乱れる」、敵の戦力をはかれずに無勢で多勢と合戦し、弱兵で強兵を攻撃し、兵に精鋭がおらずに弱体で敗北する「北《に》げる」である。第一と第六は、一見よく似ているが、魏武注によれば、第一は敵の戦力を計っていないため敗れる、すなわち敵の強さに敗因があるのに対して、第六は自軍の勢のために敗れる、すなわち自軍の弱さに敗因がある。これら六種の敗戦は、将を原因とする。

3　地形は軍の助け

そもそも地形というものは、軍の助けである。敵をはかって勝ちを制するのに、（地形の）険《けわ》しさと平坦さ（距離の）遠近をはかるのは、すぐれた将の原則である。地形を知って戦いに用いる者は、必ず勝つ。地形を知り戦いに用いない者は、必ず敗れる。このため戦いの原則で必ず勝てれば、君主が戦ってはならぬと言っても、必ず戦ってよい。戦の原則で勝てなければ、君主が必ず戦えと言っても、戦わなくてよい。したがって進撃して名声を求めず、撤退して罪を恐れず、ただ民だけを保ち、君主に利とする将は、国の宝である。

【読み下し】
夫《そ》れ地形なる者は、兵の助けなり。敵を料《はか》り勝《かち》を制するに、険易《けんい》・遠近を計るは、上将の道なり。此《これ》を知りて戦《たたかひ》に用ふる者は、必ず勝つ。此を知らずして戦に用ふる者は、必ず敗る。故に戦の道 必ず勝たば、主は戦ふこと無かれと曰ふとも、必ず戦ひて可なり。戦の道勝たざれば、主は必ず戦へと曰ふとも、戦ふこと無くして可なり。故に進みて名を求めず、退きて罪を避けず、唯だ民を是《こ》れ保ちて、主に利するは、国の宝なり。

【解説】

話が少しだけ地形に戻り、地形は軍の助けであることが確認される。したがって、地形を知って戦いに用いる将は、必ず勝つが、その場合には君主に必ずしも従う必要はない、として将の話に転ずる。

4　将と民草

（将が）兵卒を大切にすることは赤子のようにする、そのため兵卒たちと深い谷に行くことができる。（将が）兵卒の面倒を見ることは愛するわが子のようにする、そのため兵卒と共に死ぬことができる。愛して命令できず、大切にして使わず、乱れて統率できないのは、たとえば驕《おご》った子のように、用いることができない[一三]。

［一三］恩は（威と併用すべきで）それだけを用いるべきではなく、罰は（賞と併用すべきで）それだけを用いるべきではない。驕った子どもが喜び怒り目を合わせたりするようなものは、また害であり用いてはならない。

【読み下し】

卒《そつ》を視ること嬰児《えいじ》の如《ごと》くす、故に之と深谿《しんけい》に赴《おもむ》く可し。卒を視ること愛子の如くす、故に之と倶《とも》に死す可し。愛して令する能はず、厚くして使ふ能はず、乱れて治むる能はざるは、譬《たと》へば驕子《けうじ》の如く、用ふ可からざるなり[一三]。

［三］恩は専《もっぱ》ら用ふ可からず、罰は独《もっぱ》ら任《もち》ふ可からず。驕子の喜怒《きど》対目《たいもく》するが若《ごと》きは、還《ま》た害にして用ふ可からざるなり。

【補注】

○恩は…、罰は…可からず　北宋の張預《ちょうよ》は、恩も罰もそれだけで用いるべきではないことの事例として、曹操が田畑に軍馬を入れることを禁止した後、自らの馬が暴れて田畑に入った際に、髪を切って自ら罰したことを挙げる。

【解説】

『孫子』は九変篇で将の「五危」として、第五に、民草を愛する将は、民を痛めつけられて煩わされる、としていた。ここでは、将が兵卒を赤子のように大切にし、愛するわが子のように面倒を見ることで、兵卒が将と共に深い谷にも行き、死ぬこともできる、と述べる。これだけでは、民草を愛する将に近い。そこで、将は兵卒を愛しても、命令できなくてはならない、とするのである。北宋の張預は、さらに展開して、諸葛亮が馬謖を愛するだけではなく、その失敗に厳しく接したことも、この事例として掲げる。有名な事例であるため、実戦事例として掲げよう。

【実戦事例十七　泣いて馬謖を斬る】

「乱れて治むる能はざるは、譬《たと》へば驕子《けうじ》の如く、用ふ可からざるなり」

諸葛亮は、蜀漢の国是である曹魏の打倒のため、五次にわたり北伐を行った。第一次北伐は、直接長安《ちょうあん》を目指さず、涼州《りょうしゅう》に向かった戦術が功を奏し、天水郡《てんすいぐん》など三郡を降伏させ、涼州刺史《しし》を孤立させた。曹魏の明帝《めいてい》は、張郃《ちょうこう》を救援に送るが、それをくい止める街亭《がいてい》を任された者が馬謖であった。

ところが、街道に陣を布けとの命を無視して、山上に陣を置いた馬謖は大敗、第一次北伐は失敗に終わった。諸葛亮は、かねてより馬謖の才を愛していたが、私情を排して馬謖を斬り全軍に詫び、自らも丞相《じょうしょう》より右将軍《ゆうしょうぐん》に降格することで、責任の所在を明らかにした（『三国志』巻三十五 諸葛亮伝）。

5　勝利の可能性

自軍の兵卒が攻撃すべき（状況にある）ことを知り、敵が攻撃すべき（状況）ではないことを知らないのは、勝利の（可能性は）半分で（まだ勝敗が分からない状態で）ある[四]。敵が攻撃すべき（状況にある）ことを知り、自軍の兵卒が攻撃すべき（状況）ではないことを知らないのは、勝利の（可能性は）半分で（まだ勝敗が分からない状態で）ある。敵が攻撃すべき（状況にある）ことを知り、自軍の兵卒が攻撃すべき（状況にある）ことを知っていても、地形が戦うべきではない（状況である）ことを知らないのは、勝利の（可能性は）半分で（まだ勝敗が分からない状態で）ある。そのため（それらの条件を理解する）兵を知る者は、（兵を）動かして迷わず、（兵を）挙げて困窮しない。そのため、「敵を知り己《おのれ》を知れば、勝利はようやく危うくなくなる。天を知り地を知れば、勝利はようやく十全となる」というのである。

［一四］勝利の半分というものは、まだ（勝敗が）分からないことである。

【読み下し】

吾《わ》が卒の以《もつ》て撃つ可《べ》きを知りて、敵の撃つ可からざるを知らざるは、勝《かち》の半《なか》ばなり。敵の撃つ可きを知りて、吾が卒《そつ》の以て撃つ可からざるを知らざるは、勝の半ばなり［一四］。敵の撃つ可きを知り、吾が卒の以て撃つ可きを知るも、地形の以て戦ふ可からざるを知らざるは、勝の半ばなり。故に兵を知る者は、動きては迷はず、挙げては窮せず。故に曰く、「彼《かれ》を知り己《おのれ》を知れば、勝は乃《すなは》ち殆《あや》ふからず。天を知り地を知れば、勝は乃ち全《まつた》くす可し」と。

［一四］勝の半ばなる者は、未《いま》だ知る可からざるなり。

【補注】

〇地形　唐の杜牧《とぼく》は、地の険阻さや遠近、出入の困難さといった自軍と敵の距離や地形についてである、としている。〇敵を知り己を知れば　謀攻篇に、「彼を知り己を知らば、百戦して殆《あやふ》からず。彼を知らずして己を知らば、一勝一負す。彼を知らず己を知らざらば、戦ふ毎に必ず敗る（知彼知己、百戦不殆。不知彼而知己、一勝一負。不知彼不知己、毎戦必敗）」とある。

【解説】

このように、敵軍のあり方だけではなく、敵と戦う地形を知り、それに応じた戦い方を取ることにより、有利に戦いを始め、勝利に結びつけることができる。『孫子』は、敵が攻撃できるぐらい弱く、自軍が攻撃できるぐらい強い場合にも、地形が戦うべきか否かを分からなければ、勝利の可能性は半分であるという。戦いにおける地形の重要性は、それほどまでに高いのである。

このため、有名な言葉である「敵を知り己を知」る、という状態だけでは、なお勝利が危うくなるだけで、勝利を得られるわけではない。それに加えて、「天と地を知る」ことで、十全な勝利を得られるとするのである。

九地篇　第十一

九地篇は、戦場の地理的条件と関わりながら、自軍の情況を「九地」に分類し、それを知ることから始めていく。1九地とは、諸侯自らの地が散地《さんち》、敵国に侵入して深く進軍していないのが軽地《けいち》、自軍と敵が共にいるのが争地《そうち》、自軍も敵軍も来られるのが交《こう》地《ち》、諸侯と隣接するのが衢地《くち》、敵国に深く侵入したのが重地《じゅうち》、行軍しにくいのが圮地《ひち》、入り口が狭く帰路が遠回りなのが囲地《いち》、迅速《じんそく》に戦わないと生き残れないのが死地《しち》である。2九地では、散地では戦わず、軽地では留まらず、争地では攻めず、交地では軍を分断させず、衢地では諸侯と交わりを結び、重地では侵略して兵糧を蓄積し、圮地では留まらずに行き、囲地では謀略をめぐらし、死地では死を覚悟して戦う。ここで九地の話から一度離れる。

3戦いでは、敵を分断することが重要である。そのため敵軍の連関性を壊して軍をばらばらにすべきである。では、敵が統制の取れた大軍の場合にはどうするのか。その場合には、地の利のような敵の頼りとするものを奪い、迅速に戦って敵の準備が間に合わないことに乗じ、予測しない方法で警戒していないところを攻めるべきである。

九地に戻り、死地の重要性が述べられる。4敵の食糧を奪いながら敵国深く「重地」

に侵入させ、兵士の退路を断ち、死戦させる。「死地」に兵を追い込むことで、実力以上の力を発揮させる。5軍隊は、「率然《そつぜん》」という名の蛇のような、有機的な連関性が必要である。それを可能にするものは、上手な軍政《ぐんせい》（軍の統括）と、軍を「重地」に進めて兵を「死地」に追い込む九地の理法である。6将軍の職務は、三軍の兵を難しい戦いの地に投入することにある。そのため、将軍は兵に軍事の詳細を知らせず、羊の群れを追い立てるように、兵の心を一つにしていく。

ここでもう一度、九地ごとの戦い方に戻る。北宋《ほくそう》の張預《ちょうよ》は、九地の変である、という。たとえば、争地は、2では攻めずに先に着くとするが、7では遅れて兵を進ませるとしており、「正」に対して「変」を説いているようにもみえる。ただし、衢地や圮地のように、ほぼ同じものもある。こうした8九地の利害を知った覇王の兵は、天下の外交を諸侯と争わず、諸侯に権威を養わせず、敵の城や国を落とすことができる。9戦争に巧みに勝つためには、自軍の兵に多くを伝えず、一体化させ、亡地や死地に追い込む。また、敵軍を罠に嵌《は》めれば、千里の彼方の敵将でも殺すことができる。

10最後も、九地とは関係なく、自軍の強さを欺《あざむ》くために処女のように弱く見せて敵の隙を誘い、脱兎のように迅速に攻撃すれば、敵を破ることができる、という戦いに勝つための警句を示す。「兵は詭道である」という『孫子』の軍事思想の原則が、表現を変えて何度も主張されているのである。

1　九地とは

九地篇第十一〔一〕

孫子はいう、兵を用いる（地形の把握）法には、散地《さんち》があり、軽地《けいち》があり、争地《そうち》があり、交地《こうち》があり、衢地《くち》があり、重地《じゅうち》があり、圮地《ひち》があり、囲地《いち》があり、死地《しち》がある〔二〕。諸侯が自らの地で戦うところは、（兵が逃散しやすい）散地である〔三〕。敵国に侵入しても深く進軍していないところは、（兵が自国に帰りやすい）軽地である〔四〕。自軍が（その地を）得ても利があり、敵が（その地を）得ても利があるところは、（少数で多勢に勝ち、弱兵で強兵を攻撃できる）争地である〔五〕。自軍が進むことができ、敵軍が来ることができるところは、（道が互いに入り乱れる）交地である〔六〕。諸侯の地が隣接し〔七〕、先に至れば（隣接する諸侯の助けを得て）天下の兵を得られるところは、衢地である〔八〕。敵国に深く侵入し、多くの城市を背にするところは、（帰りにくい）重地である〔九〕。山・林・険〔深い谷〕・阻《そ》〔高低のある地〕・沮《しょ》〔低湿地〕・沢など、おしなべて行軍しにくい道のところは、（堅固な地が少ない）圮地である〔一〇〕。（そこへの）入り口が狭く、（そこからの）帰路が遠回りで、敵が少数でも多勢の自軍を攻撃できるところは、囲地である。迅速《じんそく》に戦えば生き残り、迅速に戦わなければ亡びるところは、（前方には高い山があり、背後には大きな川があり、軍を進めても進められず、退いても障害がある）死地である〔一一〕。

［一］戦いを必要とする地形は九つある。

［二］これらが九つの地形の名である。

［三］（散地は）士卒が（自分の）土地を慕い（家への）道が近いので、逃散しやすい（ところである）。

［四］（軽地は）士卒がみな（自国へ）帰りやすい（ところである）。

［五］（争地は）少数で多勢に勝ち、弱兵で強兵を攻撃できる（ので争って取るところ）である。

［六］（交地は）道が互いに入り乱れている（ところである）。

［七］（衢地は）自軍と敵軍がぶつかるときに、他（の諸侯）国が隣接する（ところである）。

［八］（衢地は）先に到着すれば、隣接する他（の諸侯）国の援助を得られる（ところである）。

［九］（重地は）帰りにくいところである。

［一〇］（圮地は）堅固なところが少ない。

［一一］（死地は）前方には高い山があり、背後には大きな川がある。軍を進めても進められず、退いても障害がある。

【読み下し】

九地第十一[一]

孫子曰く、兵を用ふるの法に、散地有り、軽地有り、争地有り、交地有り、衢《く》地有り、重地有り、圮《ひ》地有り、囲地有り、死地有り[二]。諸侯 自ら其《そ》の地に戦ふ者《ところ》は、散地為《た》り[三]。人の地に入りて深からざる者は、軽地為り[四]。我 得《う》るも亦《ま》た利あり、彼 得るも亦た利ある者は、争地為り[五]。我 以《もっ》て往く可《べ》く、彼 以て来たる可き者は、交地為り[六]。諸侯の地 三属し[七]、先に至らば而《すなは》ち天下の衆を得る者は、衢地為り[八]。人の地に入ること深く、城邑《じゃういふ》を背にすること多き者は、重地為り[九]。山・林・険《けん》・阻《そ》・沮《しょ》・沢《たく》、凡《およ》そ行き難《がた》きの道なる者は、圮地為り[一〇]。由りて入る所は隘《せま》く、従りて帰る所は迂《とほ》くして、彼寡《すくな》きも以て吾の衆《おほ》きを撃つ可き者は、囲地為り。疾《はや》く戦へば則ち存し、疾く戦はざれば則ち亡ぶ者は、死地為り[一一]。

[一] 戦《たたかひ》を欲するの地に九有り。
[二] 此《こ》れ九地の名なり。
[三] 士卒 土を恋《した》ひ道 近ければ、散じ易し。
[四] 士卒 皆 返るを軽しとするなり。
[五] 少なきを以て衆《おほ》きに勝ち、弱きを以て強きを撃つ可し。
[六] 道 正《まさ》に相《あい》 交錯《かうさく》するなり。
[七] 我と敵 相に当たるに、而《しか》して 旁《かたはら》に他国有るなり。
[八] 先に至らば、其《そ》の国の助《たすけ》を得るなり。

[九] 返るを難《かた》しとするの地なり。

[一〇] 固きところ少なきなり。

[一一] 前に高山有り、後に大水《たいすい》有り。進みては則ち得ず、退きては則ち 碍《さまたげ》 有り。

【補注】

○三属　梁《りょう》の孟氏《もうし》は、鄭《てい》の国が斉《せい》・楚《そ》・晋《しん》の三国に接しているようである、とする。

【解説】

九地とは、散地《さんち》・軽地《けいち》・争地《そうち》・交地《こうち》・衢地《くち》・重地《じゅうち》・圮地《ひち》・囲地《いち》・死地《しち》である。諸侯自らの地が散地、敵国に侵入して深く進軍していないのが軽地、自軍と敵が共にいるのが争地、自軍も敵軍も来られるのが交地、諸侯と隣接するのが衢地、敵国に深く侵入したのが重地、行軍しにくいのが圮地、入り口が狭く帰路が遠回りなのが囲地、迅速に戦わないと生き残れないのが死地である。

2　九地での戦い方

このため散地《さんち》では戦わず、軽地《けいち》では留まらず、争地《そうち》では攻めず（に先に着き）[一二]、交地《こうち》では（軍を）分断させず[一三]、衢地《くち》では（まわりの諸侯と）交わりを結び[一四]、重地《じゅうち》では侵掠して

（兵糧を蓄積し）[一五]、圮地《ひち》では（留まらずに）行き[一六]、囲地《いち》では（奇兵や）謀略をめぐらし[一七]、死地《しち》では（死を覚悟して）戦う[一八]。

[一二]（争地では敵を）攻めるべきではない。必ず（敵より）先に（争地に）着くことが利となる。

[一三]（交地では軍を）互いに繋《つな》げさせるのである。

[一四]（衢地ではまわりの）諸侯と（盟約《めいやく》を）結ぶのである。

[一五]（重地では）兵糧を蓄積するのである。

[一六]（圮地では）滞留《たいりゅう》することがないのである。

[一七]（囲地では）奇兵《きへい》や謀略を発するのである。

[一八]（死地では）死を覚悟して戦うのである。

【読み下し】

是《こ》の故に散地には則ち戦ふこと無く、軽地には則ち止まること無く、争地には則ち攻むること無く[一二]、交地には則ち絶つこと無く[一三]、衢地《くち》には則ち交《まじはり》を合はせ[一四]、重地には則ち掠《かす》め[一五]、圮地《ひち》には則ち行き[一六]、囲地には則ち謀り[一七]、死地には則ち戦ふ[一八]。

[一二] 当《まさ》に攻むべからず。当《かなら》ず先に至るは利と為るなり。

[一三] 相《あい》 及び属せしむるなり。

[一四] 諸侯と結ぶなり。

［一五］糧食を蓄積するなり。
［一六］稽留《けいりゅう》すること無きなり。
［一七］奇謀《きぼう》を発するなり。
［一八］殊死《しゅし》して戦ふなり。

【補注】
○当に攻むべからず　唐の李筌《りせん》は、敵が先に争地に居れば、険阻であり攻めてはならない、とする。北宋の梅堯臣《ばいぎょうしん》は、形が勝《まさ》っている地は、先に拠《よ》るのが利であり、敵がもしすでにその地にいた場合、攻めてはならない、とする。○相 及び属せしむる　唐の杜佑《とゆう》は、ともに進退すべきで、兵を断絶すべきではないという意味である、とする。

【解説】
九地では、それぞれ適した戦い方がある。散地では戦わず、軽地では留まらず、争地では攻めず、交地では軍を分断させず、衢地では諸侯と交わりを結び、重地では侵略して兵糧を蓄積し、圮地では留まらずに行き、囲地では謀略をめぐらし、死地では死を覚悟して戦う。

3　軍の統制

古《いにしえ》のよく兵を用いる者は、敵に対して、前軍と後軍とを連携できないようにし、多数の部隊と少数の部隊とを助け合えないようにし、身分の高い者と低い者とを救援できないようにし、地位の高い者と低い者とを協力させないようにする。（こうすれば、敵の）兵は離れて集まれず、兵を合わせても統御《とうぎょ》できない。（さらに分散させるため敵の兵を動かす際、敵の兵は）利に合えば動き、利に合わなければ止まる[一九]。（ある人が）あえてお尋ねします、「敵が多く統制が取れていて（こちらに）来ようとしていたら、どう対処いたしましょう」と言った[二〇]。それには、「まず（地の利のような）敵の頼りとするものを奪えば、（こちらの）思うとおりになるであろう[二一]。（その際に）軍の情況は迅速《じんそく》を旨《むね》とし、敵の準備が間に合わないことに乗じ、（敵の）予測しない方法により、敵の警戒していないところを攻めるのである」と言った[二二]。

[一九] 敵（軍の統制）を壊《こわ》して（軍を）ばらばらにし、敵を乱して整えさせない。（敵の）兵を動かして戦うのである。

[二〇]（敢えて問うという論難《ろんなん》は）あるひとが質問したのである。

[二一] 敵が頼りとする利を奪うのである。もし（自分が）先に有利な地に拠れば、（敵は）自軍の思うとおりになるであろう。

[二二] 孫子は（あるひとの）論難に答えて、（整った）陣を覆《くつがえ》す軍の情況を述べたのである。

【読み下し】

古の善《よ》く兵を用ふる者は、能《よ》く敵人をして、前後相《あい》及ばず、衆寡相恃《たの》まず、貴賤相救はず、上下相収《おさ》めざらしむ。卒離れて集まらず、兵合《がふ》するも斉《ととの》はず。利に合すれば而《すなは》ち動き、利に合せざれば而ち止《とど》まる[一九]。敢《あ》へて問ふ、「敵衆《おほ》く整ひて将《まさ》に来たらんとせば、之《これ》を待つこと若何《いかん》せん」と[二〇]。曰く、「先《ま》づ其《そ》の愛する所を奪へば、則ち聴かん[二一]。兵の情は速やかなるを主とし、人の及ばざるに乗じ、虞《はか》らざるの道に由り、其の戒めざる所を攻むるなり」と[二二]。

[一九] 之《これ》を暴《そこな》ひて離《はな》れしめ、之を乱して斉《ととの》はざらしむ。兵を動かして戦ふ。

[二〇] 或《あ》る人 之を問ふ。

[二一] 其の恃《たの》む所の利を奪ふなり。若《も》し先に利地《りち》に拠らば、則ち我の必ず得んと欲する所なり。

[二二] 孫子 難に応ずるに、陣《ぢん》を覆《くつがへ》す兵の情を以てするなり。

【補注】

○兵の情は速やかなるを…攻むるなり　北宋の何氏は、諸葛亮が孟達《もうたつ》の内応を試みたとき、司馬懿《しばい》が昼夜兼行し、八日で孟達の城に到達し、準備のできない孟達を斬ったことを事例に挙げる。

【解説】

『孫子』は、敵の分断を重要視する。そのため敵軍の連関性を壊して軍をばらばらにしようとする。敵が統制の取れた大軍の場合には、地の利のような敵の頼りとするものを奪い、迅速に戦って敵の準備が間に合わないことに乗じ、予測しない方法で警戒していないところを攻めるべきであるという。

【実戦事例十八 第一次北伐】

「虞《はか》らざるの道に由り、其の戒めざる所を攻む」

劉備《りゅうび》が、呉への東征に敗れ、白帝城《はくていじょう》で崩御すると、諸葛亮《しょかつりょう》は、劉禅《りゅうぜん》を帝位に即け、鄧芝《とうし》を派遣して孫権《そんけん》との同盟を結び直し、孫権が支援していた南方の異民族の反乱に自ら出征する。南征《なんせい》により後顧の憂いを断った諸葛亮は、「出師《すいし》の表《ひょう》」を捧げて、漢中《かんちゅう》を拠点に国是である曹魏《そうぎ》への北伐《ほくばつ》を開始する。

建興《けんこう》六（二二八）年、諸葛亮は、漢中から長安《ちょうあん》に出る多くのルートの中でもっとも遠回りであるが、大軍を動かすために安全な関山道《かんざんどう》を通って天水郡《てんすいぐん》を攻略し、涼州《りょうしゅう》を魏から切り離す戦略をたてた。「虞《はか》らざるの道に由り、其の戒めざる所を攻」めたのである。しかも、趙雲《ちょううん》をおとりとしながら、自ら本軍を率いて迅速に軍を進めたため、天水郡など三郡が降服し、北伐の緒戦は諸葛亮の大勝となった。

亡国の危機を感じた曹魏の明帝《めいてい》は、自ら長安に出陣すると共に、対呉戦線に居た張部《ちょうこう》を呼び戻し、涼州を死守する遊楚《ゆうそ》を救援させる。張部をくい止めている間に涼州を取り、全軍で張部を迎え撃てば勝算はある。諸葛亮は、張部を止める場所を街亭《がいてい》と定め、自らが高く評価する馬謖《ばしょく》を起用した。

馬謖の使命は、張部を破ることではなく、その進撃を止めて諸葛亮が涼州を平定する時間を稼ぐことにあった。そのため、諸葛亮は大軍が通ることのできない街亭の街道に陣を布き、張部を迎え討つよう馬謖に命じた。しかし、馬謖は、功を焦って水のない山上に布陣し、張部に包囲されて軍を壊滅させた。この敗北によって第一次北伐は失敗する。

漢中に戻った諸葛亮は、敗戦の責任を明らかにして馬謖を処刑する。その首が

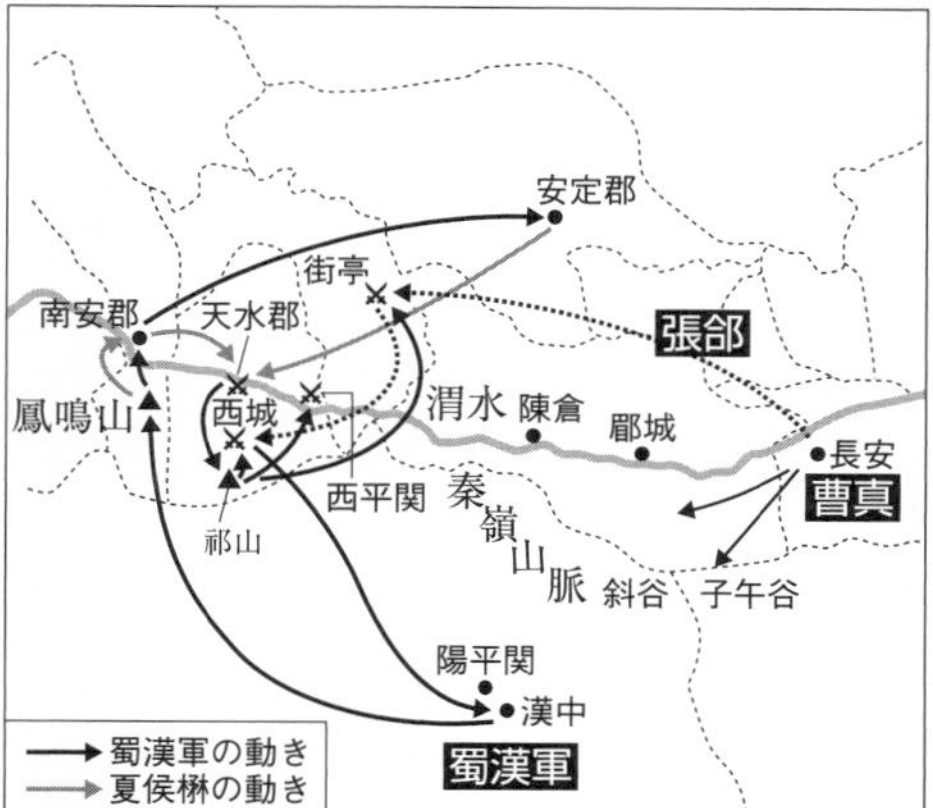

献じられると、諸葛亮は声を出して泣いた。「泣いて馬謖を斬」った諸葛亮は、自らの責任も明らかにするため、丞相《じょうしょう》より三階級格下げして右将軍《ゆうしょうぐん》となった。こののち趙雲が病死し、諸葛亮はさらなる痛手を受けるが、兵を休ませたのち、北伐を再開する。

しかし、勝機があったのは、第一次のみであった。第二次北伐は諸葛亮が陳倉《ちんそう》を攻撃したが、落とせなかった。その間、諸葛亮を囮《おとり》に陳式《ちんしょく》は、武都《ぶと》・陰平《いんぺい》の二郡を奪う。これを第三次北伐という。第四次北伐は、司馬懿《しばい》と主力軍同士で戦い、勝利をおさめたが、兵糧が続かずに撤退した。第五次北伐は、五丈原《ごじょうげん》で司馬懿と対峙したが、諸葛亮が陣没して蜀軍は撤退するのである。

4　死地で勝つ

およそ他国へ侵攻する軍の原則は、（敵国に）深く侵入すれば（兵は戦いに）専念するので、敵は勝てない。豊かな田野を略奪《りゃくだつ》すれば、三軍《さんぐん》ですら食糧を充足できる。（兵を）大切に養い疲弊させず、士気と力をあわせ蓄え、用兵の計略は、（敵が）予測できないものにする[三三]。こうした兵を退路なき地に投入すれば、死んでも敗走しない。（兵が）死ぬ気になればどうして得られないものがあろうか[三四]、将士《しょうし》も力を尽くそう[三五]。兵はたいへんな（危機に）陥《おちい》ると（戦意を集中させて）懼《おそ》れなくなり[三六]、撤退するところがなければ（戦意は）確固たるものになり、（敵国に）深く侵入すれば（心は戦うことに）専一《せんいつ》になり[三七]、（追い詰《つ》められ）やむを得なければ（死ぬ気で）戦うのである[二八]。このために、こうした兵は修練《しゅうれん》せずとも警戒し、（将が）要求せずとも（自らなすべきことを）理解し、統制せずとも（緊密に）親しみ、命令せずとも信従《しんじゅう》する[二九]。（怪しげな）まじないの言を禁じ、疑惑（の計略）を捨て去れば、死に至るまで心を動揺させない[三〇]。自軍の兵に（物を焼いて）余分な財産が無いのは、財貨（の多いこと）を嫌っているわけではない。余命が無いのは、長生きを嫌っているわけではない（やむを得ないのである）[三一]。（決戦の）軍令が発布された日、兵の座っているものは涙が襟《えり》をぬらし、横になっている者は涙が首を伝う（のは必ず死ぬと推《お》しはかるためである）[三二]。こうした兵を退路なきところに投入すれば、専諸《せんしょ》・曹劌《そうけい》のような勇を持つ。

[二三] 士気を養い、兵力をあわせ、予測できない計略を行う。
[二四] 士卒が死ぬ気になれば、どうして得られないものがあろうか。
[二五] 難地《なんち》にあって、（兵と将士とが）心を一つにするのである。
[二六] 士卒が（危機に）陥って死地におれば、戦意を集中させ恐れないのである。
[二七] 拘は、専である。
[二八] 人は追い詰められれば死戦するのである。
[二九] 将の意図を求めずに、自分から得るのである。
[三〇] 怪しげなまじないの言を禁じて、疑惑の計を捨て去る。
[三一] みな物を焼くのは、財貨の多いことを憎むからではない。財を捨て死に赴くのは、

やむを得ないからである。

[三三] みな必ず死ぬと推しはかるためである。

【読み下し】

凡《およ》そ客為《た》るの道は、深く入れば則ち専らにして、主人 克たず。饒野《ぜうや》を掠《かす》むれば、三軍だに食に足る。謹《つつし》み養ひて労《らう》すること勿《な》く、気を并《あ》はせ力を積み、運兵《うんぺい》の計謀、測る可《べ》からざるを為す[二三]。之《これ》を往く所無きに投ずれば、死すとも且《ま》た北《に》げず。死なんとすれば焉《いづく》んぞ得ざらんや[二四]、士人も力を尽くさん[二五]。兵士 甚だ陥《おちい》れば則ち懼《おそ》れず[二六]、往《ゆ》く所無くんば則ち固く、深きに入れば則ち拘《もっぱ》らにし[二七]、已《や》むを得ざれば則ち闘ふ[二八]。是《こ》の故に、其《そ》の兵 修めずして戒め、求めずして得、約せずして親しみ、令せずして信ず[二九]。祥《しゃう》を禁じ 疑《うたがひ》を去れば、死に至るまで之《ゆ》く所無し[三〇]。吾が士に余財無きは、貨を悪《にく》むに非《あら》ざるなり。余命無きは、寿を悪むに非ざるなり[三一]。令 発するの日、士卒の坐する者は涕《なみだ》 襟《えり》を霑《うるほ》し、偃臥《えんぐわ》する者は涕頤《あご》に交はる[三二]。之《これ》を往《ゆ》く所無きに投ずれば、諸・劌《けい》の勇あり。

[二三] 士気を養ひ、兵力を并《あ》はせ、測度《はか》る可からざるの計を為すなり。

[二四] 士 死なんとすれば、安《いづく》んぞ得ざらんや。

[二五] 難地に在りて、心 并はさるなり。

[二六] 士 陥りて死地に在らば、則ち意 専《もっぱ》らにして懼れざるなり。

[二七] 拘《こう》は、専なり。

〔三八〕人窮《きは》まれば則ち死戦するなり。
〔三九〕其の意を求《もと》めずして、自ら得るなり。
〔三〇〕妖祥《えうしやう》の言を禁じ、疑惑の計を去る。
〔三一〕皆物を焚焼《ふんせう》するは、貨の多きを悪《にく》むに非ざるなり。財を棄て死に致る者は、已《や》むを得ざればなり。
〔三三〕皆必死の計を持《じ》せばなり。

【補注】
○祥を禁じ　占いや迷信を禁ずる記述には、『孫子』の合理性が表れている。命のやり取りをする戦いでは、本能から起こる恐怖心により、超越したものへ縋《すが》り、頼る気持ちが強くなる。それが戦争に呪術が含まれる要因である。『孫子』は、そうした不確実なものに依拠することを止め、戦争を合理的に進めていこうとするのである。

【解説】

敵の田野を略奪して食糧を奪いながら、敵国深く侵入して、兵士を戦いに専念させる。九地でいえば「重地」である。それは、兵士を退路なき地に投入することにより、追い詰め、やむを得ずに死ぬ気で戦わせるためである。魏武注は、こうした戦い方を「死戦」と表現する。このように「重地」は「死地」となることも多く、そうした「死地」に自軍の兵を追い込むことによって、実力以上の力を発揮させることを『孫子』は求めているのである。

5 率然

さてよく兵を用いる者は、譬《たと》えれば率然《そつぜん》のようなものである。率然というものは、常山《じょうざん》の蛇である。その頭を攻撃すれば、尻尾が向かって来て、その尻尾を攻撃すれば、頭が向かって来て、中央を攻撃すれば、頭と尻尾がともに向かってくる。（ある人が）あえてお尋ねします、「軍は率然のようになれるでしょうか」と。「なれる」といった。かの呉人《ごひと》と越人《えつひと》とは互いに憎みあっているが、その船を共にして（川を）渡るにあたって暴風に遭《あ》えば、お互いに助け合うことは左右の手のようである。（陣地を固めるよりは率然のように軍が臨機応変《りんきおうへん》に連携する方がよい）このために、馬を縛って（戦車の）車輪を（動けないように）埋めて（専守防衛に務めて）も、頼りにできない[三三]。（軍が）等しく勇敢で一体となるのは、（上手な）軍政《ぐんせい》の方法による。（軍の）強弱（に拘《かかわ》らず）みな勝つのは、（強弱の勢を生かす）九地《きゅうち》の理法《りほう》による[三四]。そのためよく兵を用いる者が、あたかも手をとって（多くの兵を）一人を使うようにするのは、やむを得ず戦うようにさせるからである[三五]。

[三三] 方馬《ほうば》は、馬を縛ることである。埋輪《まいりん》は、（車輪を埋め）動かないことを頼りとするのである。これは専難《せんなん》（陣地を固め専ら難《こば》む）は権巧《けんこう》（臨機応変で巧みな戦法）には及ばないことを言っている。そのため、「馬を縛り車輪を（動かないよう）埋めて（陣

地を固めて）も、頼りにできない」というのである。

[三四]（地の理とは）強弱の勢である。

[三五]（手を携《たずえ》えて一人を使うようにするとは、軍を）整えて一つにする様子（のたとえ）である。

【読み下し】

故に善《よ》く兵を用ふる者は、譬ふれば率然の如《ごと》し。率然なる者は、常山の蛇なり。其《そ》の首を撃たば、則ち尾 至り、其の尾を撃たば、則ち首 至り、其の中を撃たば、則ち首尾 倶《とも》に至る。敢《あ》へて問ふ、「兵 率然の如くならしむ可《べ》きや」と。曰く、「可《か》なり」と。夫《か》の呉人と越人とは相 悪《にく》めども、其の舟を同じくして済《わた》るに当《あ》たりて風に遇はば、其の相《あい》救ふや左右の手の如し。是《こ》の故に、馬を方《しば》り輪を埋《うず》むるも、未《いま》だ恃《たの》むに足らざるなり[三三]。斉《ひと》しく勇なること一《いっ》の若《ごと》きは、政の道なり。剛柔 皆 得るは、地の理なり[三四]。故に善く兵を用ふる者、手を攜《たづさ》ふること一人《いちにん》を使ふが若《ごと》きは、已《や》むを得ざらしむればなり[三五]。

[三三] 方馬は、馬を縛るなり。埋輪は、動かざるを恃めばなり。此れ専難《せんなん》は権巧《けんかう》に如《し》かざるを言ふなり。故に曰く、「馬を方《しば》り輪を埋むると雖《いへど》も、恃むに足らざる」と。

[三四] 強弱の勢なり。

[三五] 斉一《せいいつ》の貌なり。

【補注】

○常山《じょうざん》 北岳と呼ばれ、五岳の一つに数えられる恒山《こうざん》のことである。常山と呼ぶのは、前漢の文帝の諱《いみな》である劉恒《りゅうこう》を避けているからで、「銀雀山本」は「恒山」に作っている。

【解説】

常山の蛇である「率然《そつぜん》」は、その頭を攻撃すれば、尻尾が向かって来て、その尻尾を攻撃すれば、頭が向かって来て、中央を攻撃すれば、頭と尻尾がともに向かってくるという。恐るべき蛇である。『孫子』の理想とする軍隊は、「常山の蛇」のような有機的な連関性を持たなければならない。それを可能にするものは、上手な軍政《ぐんせい》（軍の統括）にある。もろちん九地篇の文章であるため、その直後に強弱の勢を生かす九地の理法が重要である、とする。莫大な費用の掛かる戦争では、それを支える輜重《しちょう》は、敵から奪う食糧をも含めて必ず確保すべきである。そのうえで軍を「重地」に進めて、兵を「死地」に追い込む。これが九地の理法である。その際に、軍政を上手に展開することで、「常山の蛇」のような有機的な連関性を軍に持たせることができる、というのである。

6 将軍の職務

将軍の職務は、静かで奥深く、平正《へいせい》であることにより治まる[三六]。（将軍は）士卒《しそつ》の耳目《じもく》を誤らせ、（戦いの始まりを）士卒に知られないようにする[三七]。その軍事行動を変えても、その謀略《ぼうりゃく》を改めても、人に知られないようにする。その居所《いどころ》を変えても、進軍の道を遠まわりにしても、人に考えられないようにする。（兵を）率いて命令を与えるときには、（あたかも）高所に上らせてそのはしごを取り去るようにする。（兵を）率いて深く（他国に侵入し）、諸侯の地に入って攻撃を開始するときには、（あたかも）羊の群れを追い立て、追い立て進ませ、追い立て来させ（兵の心を一つにしながら）、どこに行くのかを知ることのないようにする[三八]。（こうして）三軍の兵衆をあつめ、これを難しい（戦いの）地に投入する[三九]。これが将軍の職務である。九地《きゅうち》の変化や、（兵の勢を）溜めるときと開放するときの利害や、（利を見て進み、害にあって退くという）人情の理は、理解しなければならないものである[四〇]。

[三六]（将軍の職務が）さっぱりとしていて、かすかで深く、公正であることをいう。
[三七]愚は、誤である。民（士卒）はともに（戦いの）成果を楽しめるが、ともに（戦いの）始まりを考えることはできない。
[三八]士卒の心を一つにするのである。
[三九]険は、難である。
[四〇]人の情は利を見て進み、害に遭って退くものである。

【読み下し】

将軍の事は、静かにして以《もっ》て幽《かす》かたり、正しくして以て治《をさ》まる[三六]。能く士卒の耳目を愚《あやま》らせ、之《これ》をして知ること無からしむ[三七]。其《そ》の事を易《か》ふるも、其の謀《はかりごと》を革《あらた》むるも、人をして識《し》ること無からしむ。其の居を易《か》ふるも、其の途《みち》を迂《とほ》くするも、人をして慮《おもんぱか》るを得ざらしむ。帥《ひき》ゐて之と期《き》するには、高きに登らしめて其の梯《はしご》を去るが如《ごと》くす。帥ゐて之と深く、諸侯の地に入りて其の機を発するには、群羊を駆《か》り、駆りて往き、駆りて来たりて、之《ゆ》く所を知る莫《な》からしむるが若《ごと》くす[三八]。三軍の衆を聚《あつ》め、之を険に投ず[三九]。此《こ》れ将軍の事なり。九地の変、屈伸の利、人情の理は、察《さっ》せざる可からざるなり[四〇]。

[三六] 清浄《せいじゃう》・幽深《いうしん》・平正なるを謂《い》ふなり。

[三七] 愚は、誤なり。民 与《とも》に成を楽しむ可《べ》きも、与に始を慮《はか》る可からず。

[三八] 其の心を一《いっ》にするなり。

[三九] 険は、難なり。

[四〇] 人の情は利を見て進み、害に遭《あ》ひて退《しりぞ》く。

【補注】

○機を発す　荻生徂徠《おぎゅうそらい》『孫子国字解《そんしこくじかい》』は、兵勢篇を承けて、弩《ど》の機《き》（引き金）を発することと解する。これに対して、北宋の王晳《おうせき》は、袁紹との官渡での戦いに際して、賈詡が曹操に必ずその機を決するように勧め、「公明勝紹、勇勝紹、用人勝紹、決機勝紹、有此四勝而半年不定者、但顧万全故也。必決其機、須臾可定也」と述べていることから、攻撃の開始を決断することと捉える。本書は、後者に従った。

【解説】

将軍の職務は、三軍の兵を難しい戦いの地に投入することにある。そのため、将軍は兵に軍事の詳細を知らせず、羊の群れを追い立てるように、兵の心を一つにしていく。

7 九地の変

およそ他国へ侵攻する軍の原則は、（敵国に）深く侵入すれば（兵は戦いに）専念し、（侵入が）浅ければ（兵は）散じ（て国に帰）る。国を出て境を越えて戦うところは、絶地である。四方に通じているところは、衢地《くち》である。深く（侵入した）ところは、重地《じゅうち》である。浅く（侵入した）ところは、軽地《けいち》である。堅固な地を背にし狭隘《きょうあい》な地を前にするところは、囲地《いち》である。進むところがないのは、死地《しち》である。このために散地《さんち》ではわたしは兵の志《こころざし》を一つにしよう。軽地ではわたしは軍を続かせよう[四一]。争地《そうち》ではわたしは（地の利が前にあるがそこを狙っていることを敵に覚られないように）敵より遅《おく》れて（兵を）進ませよう[四二]。交地《こうち》ではわたしは軍の守備を厳格にしよう。衢地ではわたしは諸侯との結束を固くしよう。重地ではわたしは（敵から奪って）軍の兵糧を絶やさないようにしよう[四三]。圮地《ひち》ではわたしはそこの道を（早く過ぎるよう）進もう[四四]。囲地ではわたしは（敵がわざと）包囲を空《あ》けた部分を塞《ふさ》ぐ（ことで、自軍の兵の逃げ場所をなくす）ことにしよう[四五]。死地ではわたしは兵に活路のないことをしめそう[四六]。そのため軍隊の情況は、包囲されれば（兵が互いに持ちこたえあって）防御し[四七]、（勢として兵は）やむを得なければ戦い[四八]、あまりに（困難に陥ることが）甚《はなはだ》しければ（兵は計に）従うのである[四九]。

[四一]（兵を）互いに関係づけて続けるのである。
[四二]（争地は）地の利が前にあるのだが（そこを狙っていることを敵に覚られないように）、敵より遅《おく》れて速やかに（兵を）進ませるべきである。
[四三]敵から（食糧を）略奪するのである。
[四四]（圮地を）早く過《よぎ》るのである。
[四五]（囲地では、敵の空けた自軍の逃げ場所をわざと塞いで死地に追い込み）それにより兵の心を一つにする。
[四六]（死地では、自分も必死の覚悟を示して）兵士の心を激励《げきれい》するのである。
[四七]（兵士たちが）互いに持ちこたえて防ぐのである。
[四八]勢《せい》としてやむを得ないことがあ（れば戦うのであ）る。
[四九]あまりに困難な情況に陥《おちい》れば、（兵は）計に従うのである。

【読み下し】

凡《およ》そ客為《た》るの道は、深ければ則ち専《もっぱら》にし、浅ければ則ち散ず。国を去り境《さかひ》を越え師《いくさ》する者《ところ》は、絶地なり。四通《しつう》なる者は、衢地《くち》なり。入ること深き者は、重地なり。入ること浅き者は、軽地なり。固《かた》きを背にし隘《せま》きを前にする者は、囲地なり。往く所無き者は、死地なり。是の故に散地には吾《われ》将《まさ》に其《そ》の志を一《いつ》にせんとす。軽地には吾　将に之《これ》をして属《つづ》かしめんとす[四一]。争地には吾　将に其の後より趨《はし》らしめんとす[四二]。交地には吾　将に其の守を謹《つつし》まんとす。衢地には吾　将に其の結《むすび》を固くせんとす。重地には吾　将に其の食を継《つ》がんとす[四三]。圮地《ひち》には吾　将に其の途《みち》を進まんとす[四四]。囲地には吾　将に其の闕《けつ》を塞《ふさ》がんとす[四五]。死地には吾　将に之に示すに活《い》きざるを以てせんとす[四六]。故に兵の情は、囲まるれば則ち禦《ふせ》ぎ[四七]、已《や》むを得ざれば則ち闘ひ[四八]、過《す》ぐれば則ち従ふ[四九]。

[四一]　相《あい》交属せしむなり。
[四二]　地の利は前に在るも、当《まさ》に速《すみ》やかに其の後《うしろ》より進ましむべきなり。
[四三]　彼より掠《りゃく》するなり。
[四四]　疾《はや》く過《よぎ》るなり。
[四五]　以て其の心を一にす。
[四六]　士の心を励《はげ》ますなり。
[四七]　相　持して御《ぎょ》するなり。
[四八]　勢として已《や》むを得ざること有るなり。
[四九]　之に陥《おち》いること甚だ過ぐれば、則ち計に従ふなり。

【補注】

○九地　散地《さんち》・軽地《けいち》・争地《そうち》・交地《こうち》・衢地《くち》・重地《じゅうち》・圮地《ひち》・囲地《いち》・死地《しち》であり、絶地は含まれない。北宋の梅尭臣は、軽地と散地の間の地である、とする。○散地には…　本篇第二段落（2九地での戦い方）では、戦わない、としていた。○軽地には…　同じく、留まらない、としていた。○争地には…　同じく、攻めずに先に着く、としていた。正反対である。○交地には…　同じく、軍を分断させない、としていた。○衢地には…　同じく、諸侯と交わりを結ぶ、としていた。ほぼ同じである。○重地には…　同じく、侵掠する、としていた。○圮地には…　同じく、留まらずに行く、としていた。ほぼ同じである。○囲地には…　同じく、謀略をめぐらす、としていた。○死地には…　同じく、死を覚悟して戦う、としていた。

【解説】

九地ごとの戦い方は、すでに第二段落で述べているが、この段落でも戦い方が述べられる。北宋《ほくそう》の張預《ちょうよ》は、ここで述べているのが、九地の変である、とする。第二段落が「正」であれば、ここが「変」と考えるのである。たしかに、争地について、第二段落では、攻めずに先に着く、とするが、ここでは、遅れて兵を進ませる、とあり正反対である。魏武注［四二］は、地の利が前にあるのだが（そこを狙っていることを敵に覚られないように）、敵より遅れて速やかに（兵を）進ませるべきである、と述べており、「正」に対する「変」に相応しい。ただ、衢《くち》地や圮《ひち》地のように、ほぼ同じことを述べているものもあり、すべてが「変」となっているわけではない。

8　覇王の兵

このために諸侯で謀略《ぼうりゃく》を知らない者は、交戦できない。山・林・険《けん》・阻《そ》・沮《しょ》・沢《たく》の形を知らない者は、行軍できない。道案内を用い（軍が拠る所と山川の形を知ら）ない者は、地の利を得られない[五〇]。四五（九地の利害）というものは一つですら知らなければ、覇王《はおう》の兵ではない[五一]。そもそも覇王の兵は、大国を討伐《とうばつ》すれば（討伐された国は）軍の兵を集めることができない。威勢《いせい》が敵に加えられれば、敵は（他国と）交わりを結ぶことはできない。このために（覇王は）天下の外交を（諸侯と）争わず、天下の（諸侯の）権威を養わさせず、自分の思う通りを述べ（て自然とその通りになり）、威勢は敵に加えられる[五二]。そのため敵の城を攻略でき、敵の国を陥落《かんらく》できるのである。

［五〇］上（軍争篇）ですでにこれらの（謀略を知る、地形を知る、道案内を用いるという）三つのことを言っているのに、再び言うのは、うまく兵を用いないことをとても憎むからである。そのため再び言うのである。

［五一］四五というものは、九地の利害を言うのである。あるひとは、「（四五とは）上の四

五のことである」と言う。
[五三] 覇《は》というものは、天下の諸侯と結んで成ることのない（卓越した）権威《けんい》である。天下の外交を絶ち、天下の権威を奪う、このため（覇王の）権威は伸長して自然と自分の思い通りになる。そのため、（敵の）国を陥落でき、（敵の）城を攻略できるのである。

【読み下し】

是《こ》の故に諸侯の謀《はかりごと》を知らざる者は、交《まじはり》に預《あづか》る能《あた》はず。山・林・険・阻・沮《しょ》・沢の形を知らざる者は、行軍する能はず。郷導《きゃうだう》を用ひざる者は、地の利を得る能はず[五〇]。四五なる者は一《いっ》だに知らざれば、覇王の兵に非ざるなり[五一]。夫《そ》れ覇王の兵は、大国を伐《う》たば則ち其の衆聚むるを得ず。威《い》敵に加《くは》はらば、則ち其の交を合はすを得ず。是《こ》の故に天下の交を争はず、天下の権を養はしめず、己の私《わたくし》を信《の》べ、威敵に加ふ[五二]。故に其の城抜く可く、其の国堕《お》とす可し。

[五〇] 上に已《すで》に此の三事を陳《の》ぶるも、而《しか》も復《ま》た云《い》ふ者は、能《よ》く兵を用ひざるを力《はなは》だ悪《にく》めばなり。故に復た言ふなり。
[五一] 四五なる者は、九地の利害を謂《い》ふ。或《あ》るひと曰く、「上の四五の事なり」と。
[五二] 覇《は》なる者は、天下の諸侯と結び成らざるの権なり。天下の交《まじはり》を絶ち、天下の権を奪ふ、故に威《い》は伸《の》ぶるを得て自《おの》づから私たり。故に国は抜く可く、城は隳《おと》す可きな

り。

【補注】

○四五　四十五で九のこと。

【解説】

九地の利害を知った覇王の兵は、天下の外交を諸侯と争わず、諸侯に権威を養わせず、敵の城や国を落とすことができる。

9　巧みに勝つ

軍法に無い賞を与え、軍政に無い令を出せば[五三]、三軍《さんぐん》という衆兵を用いることが、一人を使うかのようになる[五四]。衆兵を用いるには（すべき）事（を伝えるだけ）により、（なぜ戦うのかを説明する）言葉を告げてはならない[五五]。衆兵を用いるには利により、害を告げてはならない[五六]。兵を亡地《ぼうち》に投入してそののちに存し、兵を死地《しち》に陥《おとしい》れてそののちに生きる。そもそも衆兵は窮地《きゅうち》に立たされて、はじめて勝敗を決することができる[五七]。このため兵を治めるのは、敵の意図を愚かにして従わせることにある[五八]。（自軍の空虚なところを示し）敵軍をまとめて一つに向かわせれば、千里（の彼方）でも敵将を殺す（ことができる）[五九]。これを巧みに戦争に勝つという[六〇]。

[五三] 軍の法令はあらかじめ兵に施行し提示しないことを言う。『司馬法《しばほう》』に、「敵を見て誓《せい》（軍に対する約束）をつくり、功を見て賞をつくる」とある。

[五四] 犯は、用である。言いたいのは賞罰を明らかにすれば、多く（の兵）を用いても、一人を使うようなものということである。

[五五] （兵に理由を告げないのは）戦いは詐《いつわ》りを尊ぶためである。

[五六] （兵に利を告げるだけで）害を知らせてはならない。

[五七] （兵を亡地や死地に追い込むのは）必ず命をなげうって戦うからである。（ただし）あるいは死地や亡地であるため、敗れることもある。孫臏《そんぴん》は、「兵が恐れていれば、これを死地には投じない」と言っている。

[五八] 佯《よう》は、愚である。あるひとは、「敵が進もうとすれば（進ませて）、（自軍は）伏兵《ふくへい》を設けて退却する。敵が退却しようと思えば、（自軍は陣を）開いて敵を攻撃する」と言っている。

[五九] 先に敵に（自軍の）空虚《くうきょ》で虚弱なところを示せば、敵は（一つに）並んで向かって来て空虚を利とする。千里の（彼方の敵）であってもその将を捕らえることができる。

[六〇] これが戦争に勝つことの巧《たく》みさである。

【読み下し】

法無《な》きの賞を施《ほどこ》し、政無きの令を懸《か》くれば[五三]、三軍の衆を犯《もち》ふること、一人《いちにん》を使ふが若《ごと》し[五四]。之を犯《もち》ふるには事を以《もっ》てし、告ぐるに言を以てすること勿《な》かれ[五五]。之を犯《もち》ふるには利を以てし、告ぐるに害を以てすること勿かれ[五六]。之を亡地に投じて然《しか》る後に存し、之を死地に陥《おとしい》れて然る後に生《い》く。夫れ衆 害に陥りて、然る後に能く勝敗を為す[五七]。故に兵を為《をさ》むるの事は、順はすに敵の意を佯《ぐ》にするに在り[五八]。敵を幷《あ》はせて一《いつ》に向かはしめ、千里にして将を殺す[五九]。是《これ》を巧みに能く事を成すと謂ふ[六〇]。

[五三] 軍の法令 予《あらかじ》め之に施懸《しか》せざるを言ふ。司馬《しば》法《ほふ》に曰く、「敵を見て誓《せい》を作り、功を瞻《み》て賞を作る」と。

[五四] 犯は、用なり。言ふこころは賞罰を明らかにせば、衆を用ふと雖も、一人を使ふが若《ごと》きなり。

[五五] 兵は 詐《いつはり》 を尚《たふと》べばなり。

[五六] 害を知らしむること勿《な》かれ。

[五七] 必ず殊死《しゅし》して戦へばなり。或《ある》いは死・亡の地に在《あ》らば、亦た敗るる者《こと》有り。孫臏《そんぴん》曰く、「兵 恐るれば、之を死地に投ぜざるなり」と。

[五八] 佯は、愚なり。或るひと曰く、「彼 進まんと欲《ほっ》せば、伏《ふく》を設《まう》けて退く。彼 去らんと欲せば、開きて之を撃つ」と。

[五九] 先に之に示すに間空・虚弱の処を以《もっ》てせば、敵 則ち並び向ひて之を利とす。千里と

雖も其の将を擒《と》らふ可きなり。

[六〇] 是《こ》れ事を成すの巧《たくみ》なり。

【補注】

○亡地《ぼうち》　九地の中には含まれない。死地より少し緩いが、生存が困難な地である。○孫臏《そんぴん》曰く　この魏武注は曹操が孫臏の兵法書を見た可能性を示すが、『孫臏兵法』を含む「銀雀《ぎんじゃく》山漢簡《ざんかんかん》」には、この字句は見えない。

【解説】

戦争に巧みに勝つためには、自軍の兵に多くを伝えず、一体化させ、亡地や死地に追い込む。また、敵軍の意図に沿ったふりをして、自軍が示した空虚の罠《わな》に敵軍を嵌《は》めれば、千里の彼方の敵将でも殺すことができる。

10　始めは処女の如く、後には脱兎の如し

こうして宣戦布告の日には、関門《かんもん》を閉め（通行手形の）割符《わりふ》を折り、敵国の使者の通行を禁じ[六一]、廟堂《びょうどう》に（臣下は）参集して、戦略を練る[六二]。敵が（隙を見せて）門を開《あ》ければ、必ず急いでそこに入る[六三]。敵が重視する地を先に（奪取）して[六四]、（敵より遅れて出撃し、先

に戦地に到るため）ひそかに（敵と）近づき[六五]、原則どおりに敵に対応し（ながらも常無く）、戦争のことを決する[六六]。そのため（戦う際には）始めは（自軍を弱くみせるため）処《しょ》女《じょ》のようにすれば、敵は隙をみせる。その後は脱兎《だっと》のように（迅速に攻撃）すれば、敵が防いでも及ばない[六七]。

[六一] 謀略が定まれば関所と橋梁《きょうりょう》を閉じ、（通行手形の）割符《わりふ》を絶ち、（敵国の）使者を通行させてはならない。

[六二] 誅は、治《おさ》むである。

[六三] 敵に隙《すき》があれば、急いでそこに入るべきである。

[六四] （敵が重視するところを先に攻撃するのは）利益になるためである。

[六五] 敵より遅れて出撃し、敵より先に戦地に至る。

[六六] 原則どおりに行うが、常《つね》（同じ行動）は無いようにする。

[六七] 処女は（自軍が）弱いことを示し、脱兎は行くのが速いことである。

【読み下し】

是《こ》の故に政挙《あ》ぐるの日、関を夷《ふさ》ぎ符《ふ》を折り、其《そ》の使《つかひ》を通ずること無からしめ[六一]、廊廟《らうべう》の上に厲《あ》ひ、以て其の事を誅《をさ》む[六二]。敵人開闔《かいかふ》すれば、必ず亟《すみや》かに之《これ》に入る[六三]。其の愛する所を先《さき》にして[六四]、微《ひそ》かに之と期し[六五]、墨《のり》を践《ふ》み敵に随ひ、以《もっ》て戦事を決す[六六]。是《こ》の故に始めは処女の如《ごと》くすれば、敵人戸を開く。後には脱兎《だっと》の如くすれば、敵拒《ふせ》ぐに及ばず[六七]。

〔六一〕謀《はかりごと》定まれば則ち関梁《くわんりやう》を閉じ、其の符信《ふしん》を絶ち、使を通ぜしむること勿《な》かれ。
〔六二〕誅は、治なり。
〔六三〕敵に間隙《かんげき》有れば、当《まさ》に急ぎて之に入るべきなり。
〔六四〕便利に拠《よ》ればなり。
〔六五〕人に後《おく》れて発し、人より先に至ればなり。
〔六六〕規矩《のり》を践《ふ》み行ふも、常《つね》無きなり。
〔六七〕処女は弱きを示し、脱兎は往《ゆ》くこと疾《はや》し。

【補注】
○始めは処女の如く　北宋《ほくそう》の梅尭臣《ばいぎょうしん》は、原則に従うことの表現であるとする。○脱兎の如く　梅尭臣は、敵と決戦する速さである、とする。○開闔　梁《りょう》の孟氏《もうし》は間者《かんじゃ》、北宋の張預《ちょうよ》は間使《かんし》とする。

【解説】

最後は、九地とは関係なく、自軍の強さを欺くために処女のように弱く見せて敵の隙を誘い、脱兎のように迅速に攻撃すれば、敵を破ることができる、という戦いに勝つための警句を示す。「兵は詭道である」という『孫子』の軍事思想の原則が、表現を変えて何度も主張されているのである。

火攻篇　第十二

火攻篇は、『孫子』の末尾の篇であった可能性が高い。「銀雀山本」では、現在末尾の用間篇が第十二、火攻篇が第十三として末尾になっている。五つの段落のうち、火攻に関わるものは1〜3までであり、最後の5は、始計篇巻一と呼応する内容を持つ。

1火攻《ひぜ》めには、火人《かじん》・火積《かせき》・火輜《かし》・火庫《かこ》・火隊《かたい》という五種の方法がある。2火攻めをした後は、敵の情況に応じて自軍も変化して対応する。その変化にも五つの種類がある。3火攻めは、水攻めに比べて効果が高い。『孫子』は水攻めの事例に言及するのみであるが、火攻めの場合には、火から兵が逃れるため、食糧を奪える可能性がある。火攻篇で火攻めに言及するのは、ここまでである。

続いて、功績に応じて賞を適切な時に与えることをいう。4功績に見合った賞をその月を超えないうちに与えないことを「費留」といい、賢明な君主と良将は、これがないように心がける。5火攻篇の最後の文章は、火攻めとは無関係に、戦争を慎重にすべきことを述べる。確実な利や得るものが無ければ、あるいは余程《よほど》の危険が無ければ戦争は起こしてならない。

最後に亡国・死者が二度とは生き返らないと述べることは、始計篇の冒頭部で「戦争を民の生死が決まり、国家存亡のわかれ道」と述べていることに呼応している。

1　火攻の五種

火攻篇第十二[一]

孫子がいう、およそ火攻めには五つの方法がある。一つは火人《かじん》（人を焼く）、二つは火積《かせき》（蓄えを焼く）、三つめに火輜《かし》（輜重《しちょう》を焼く）、四つめに火庫《かこ》（倉庫を焼く）、五つめに火隊《かたい》（部隊を焼く）である。火攻めには必ず（姦人《かんじん》の内応などの）要因があり[二]、煙や火には必ず焼くものがある[三]。火を放《はな》つには（適した）時があり、火を起こすには（適した）日がある。時というのは、天気が乾燥しているときである[四]。日というのは、月が箕宿《きしゅく》・壁宿《へきしゅく》・翼宿《よくしゅく》・軫宿《しんしゅく》にあるときである。すべてこの四宿（に月がある）というものは、風が起こる日である。

［一］火攻めを用いるには、日時を選ぶべきである。
［二］（火攻めは）姦人（の内応）によるのである。
［三］（具は）焼くものである。
［四］燥《そう》は、旱（という意味）である。

【読み下し】

火攻第十二[一]

孫子曰く、凡《およ》そ火攻に五有り。一に曰く火人、二に曰く火積、三に曰く火輜、四に曰く火庫、五に曰く火隊と。火を行ふには必ず因《わけ》有り[二]、煙火《えんくわ》には必ず素《もと》より具あり[三]。火を発するには時有り、火を起こすには日有り。時なる者は、天の燥《かわ》けるなり[四]。日なる者は、月の箕《き》・壁《へき》・翼《よく》・軫《しん》に在るなり。凡そ此の四宿なる者は、風起こるの日なり。

[一] 火攻を以《もち》ふるには、当《まさ》に時日《じじつ》を択《えら》ぶべきなり。
[二] 姦人に因《よ》ればなり。
[三] 焼具なり。
[四] 燥なる者は、旱なり。

【補注】

○第十二　「銀雀山本」では第十三である。○月の箕・壁・翼・軫に在るなり　「兵陰陽」の思想に近い。兵陰陽とは、兵を発するときに時に従い、日の吉凶を推し量り、北斗星の動きによって敵を討ち、五行相勝《ごぎょうそうしょう》の原理（万物が木↑（打ち破る）金↑火↑水↑土の順序で移り変わるという思想）に依拠し、鬼神《きしん》の助けを借りる兵法である。合理的な『孫子』とは、対極の立場にある。曹操は、ここに注をつけず、『孫子』の中の例外的な思想をあえて無視し、統一的に『孫子』を読もうとしている。○宿　星宿。星座のこと。

【解説】

火攻めには、火人・火積・火輜・火庫・火隊という五種の方法がある。火を放つには、空気が乾燥していることに加えて、月が箕宿・壁宿・翼宿・軫宿にあるときは、風が起こる日なので適していることを指摘している。

2　火攻の変化

およそ火攻めは、必ず（火人・火積・火輜・火庫・火隊という）五つの火攻めの変化によって事態に対応する。火が（敵の陣営の）内部から発生したら、素早くこれに外部から（兵によりて）呼応する[五]。火が発生しても敵の兵が静かである場合には、（敵の動きを）待って（こちらから）攻撃してはならない。その火攻めの勢いが極まってから、（敵の状況を見て）攻撃できれば攻撃し、攻撃できなければ止める[六]。火を外部より放つことができれば、（敵陣の）内部に（火が起こるのを）待つことなく、時を見て火を放つ。火が風上から起これば、（不利なので）風下から攻めてはならない[七]。昼は風が長く吹き、夜は風が止む。およそ軍は必ず五つの火攻めの変化を知って、法則を守り火攻めを行うべきである[八]。

[五]（内部から火があるのを見れば、外から）兵により火攻めに対応する。

[六]（攻撃が）可能であれば進み、難しいと分かれば撤退する。

[七]（風下から攻めるのは）不利である。

［八］数は、そのとおりになる（法則の）ことである。

【読み下し】

凡《およ》そ火攻には、必ず五火の変に因《よ》りて之《これ》に応ず。火 内より発すれば、則ち早く之に外に応ず［五］。火 発するも其《そ》の兵 静かなる者は、待ちて攻むること勿《な》かれ。其の火力を極め、従ふ可《べ》くんば而《すなは》ち之に従ひ、従ふ可からずんば則ち止む［六］。火 外より発す可くんば、内よりするを待つこと無く、時を以《もっ》て之を発す。火 上風より発すれば、下風より攻むること無かれ［七］。昼は風 久しく、夜は風 止む。凡そ軍は必ず五火の変を知りて、数《すう》を以て之を守る［八］。

［五］兵を以て之に応ずるなり。

［六］可《か》を見れば而《すなは》ち進み、難《なん》を知れば而ち退く。

［七］便ならざるなり。

［八］数は、当《まさ》に然るべきなり。

【補注】

○外より発す可くんば… 唐の李筌《りせん》は、曹操が袁紹《えんしょう》を官渡《かんと》で破ったとき、許攸《きょゆう》の計を用いて、輜重一万余りを焼いたのが、外から火攻めをした事例である、とする。

【解説】火攻めをした後は、敵の情況に応じて自軍も変化して対応する。その変化にも五つの種類がある。

3 火攻の効用

火によって攻撃を助ける者は（勝利を得ることが）明らかであり[九]、水によって攻撃を助ける者は強い。水は（敵の糧道《りょうどう》と敵軍の連携を）断絶できるが、（蓄えた兵糧を）奪うことはできない[一〇]。

[九]（火攻めを用いると）勝利を得ることが明らかである。

[一〇] 水攻めはただ敵の糧道を断絶し、敵軍を分断できるだけであり、敵の兵糧を奪うことはできない。

【読み下し】
故に火を以て攻を佐《たす》くる者は明らかに[九]、水を以て攻を佐くる者は強し。水は以て絶《た》つ可きも、以て奪ふ可からず[一〇]。

[九] 勝《かち》を取ること明らかなり。

[一〇] 水は但《た》だ能《よ》く敵の糧道を絶ち、敵軍を分《わ》かつのみにして、敵の蓄積を奪ふ可からず。

【補注】
○水は以て絶つ可きも…　北宋の張預《ちょうよ》は、漢の韓信《かんしん》は水を決して、楚の将である龍且《りゅうしょ》を斬ったが、これは一時の勝利である。曹操は袁紹《えんしょう》の輜重を焚《や》き、袁紹はこれに敗れて、滅亡した。水は火に及ばない。このため『孫子』は、火攻めを詳しく、水攻めを簡略に述べるのである、とする。

【解説】

火攻めは、水攻めに比べて効果が高い。『孫子』は水攻めの事例に言及するのみであるが、火攻めの場合には、火から兵が逃れるため、食糧を奪える可能性がある。


【実戦事例十九　赤壁の戦い②】

建安十三（二〇八）年十二月、黄蓋は先陣をきって船を出す。快速船十隻に、枯れ草や柴を積みこんだ黄蓋は、折からの東南の風にのって曹操軍に近づき、二里の距離で船に満載した枯れ草に火をかける。激しい東南の風にあおられた船は、曹操の船団に突入する。黄蓋に続いて周瑜も、精鋭部隊を率いて上陸する。

曹操は、烏林《うりん》から華容道《かようどう》沿いに江陵《こうりょう》に向かって敗走した。このあたりは湿地帯である。曹操は、疲労の極にある兵士を激励して竹や木を運んでぬかるみを埋め、何とか危機を逃れた。江陵《こうりょう》に曹仁《そうじん》と徐晃《じょこう》を、襄陽《じょうよう》に楽進《がくしん》を残した曹操は、許《きょ》に帰還する。赤壁の戦いは、曹操の大敗に終わったのである。

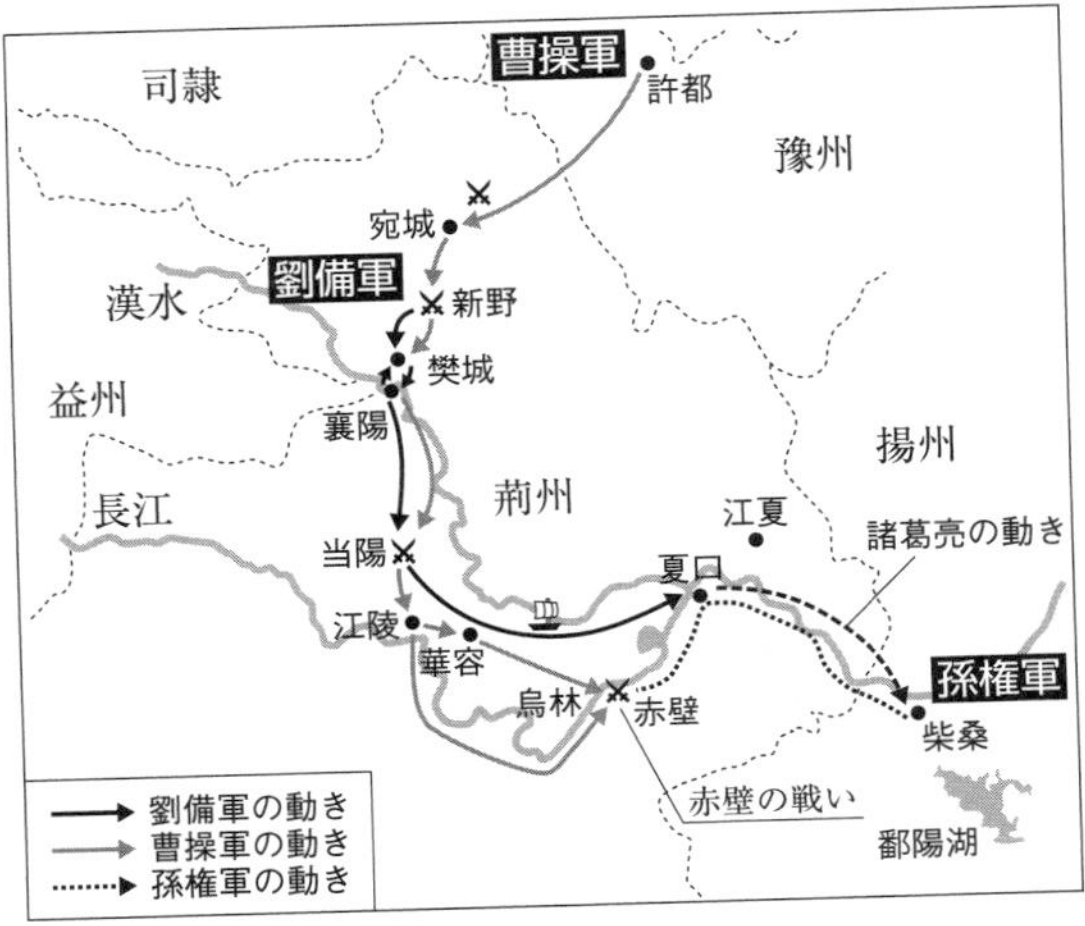

4　費留

そもそも戦って勝ち攻めて（敵地を）取っても、その功績に賞を（適切な時に）与えないのは凶事《きょうじ》である。（これを）名付けて「費留《ひりゅう》」という[二]。そのため、「賢明な君主はこれに心がけ、良将はこれをきちんとする」という。

[二]（費留とは）水が留まって、また戻らないようなものである。あるひとは、「賞を与えるのに適切な時にしないのは、ただ費用を（惜しみ）留めているのである。賞の（与え方）で良いのは月を越えないことである」と言っている。

【読み下し】

夫《そ》れ戦ひて勝ち攻めて取るも、而《しか》も其《そ》の功を修《をさ》めざる者は凶なり。命《なづ》けて費留と曰ふ[二]。故に曰く、「明主は之を慮《おもんぱか》り、良将は之を修む」と。

[二] 水の留まりて、復《ま》た還《かへ》らざるの若《ごと》きなり。或《あ》るひと曰く、「賞するに時を以《もつ》てせざるは、但だ費を留むるなり。賞するの善《よ》きは月を踰《こ》えざるなり」と。

【解説】

功績に見合った賞をその月を超えないうちに与えないことを「費留」といい、賢明な君主と良将は、これがないように心がける。

5　戦争は慎重に

利がなければ（軍を）動かさず、得るものがなければ（兵を）用いず、危険でなければ戦わない（やむを得ずに兵を用いるのである）［三］。君主は怒りにより軍を興《おこ》してはならず、将は恨みにより戦いを行ってはならない。利にかなえば動き、利にかなわなければ止める（自分の喜怒により戦い兵を用いないのである）［三］。怒りはまた喜ぶことができ、恨みはまた悦ぶことができるが、亡国は再び存在できず、死者は再び生き返らない。そのため明君は戦争を慎重にし、良将は戦争を戒《いまし》める。これが国を安寧《あんねい》にし軍を保全する原則である。

［二］やむを得ずに兵を用いるのである。

［三］自分の喜怒により兵を用いないのである。

【読み下し】

利に非《あら》ずんば動かず、得るに非ずんば用《もち》ひず、危《き》に非ずんば戦はず［三］。主は怒りを以《もっ》てして師《し》を興す可《べ》からず、将は慍《うらみ》を以てして戦《たたかひ》を致《いた》す可からず。利に合《かな》はば動き、利に合はざれば止む［三］。怒《いかり》は以て復《ま》た喜ぶ可く、慍は以て復た説《よろこ》ぶ可きも、亡国は以て復た存《そん》す可からず、死者は以て復た生《い》く可からず。故に明君は之《これ》を慎み、良将は之を警《いまし》む。此《こ》れ国を安んじ軍を全くするの道なり。
［二二］已《や》むを得ずして兵を用ふるなり。
［二三］己《おのれ》の喜怒を以て兵を用ひざるなり。

【解説】
火攻篇の最後の文章は、火攻めとは無関係に、戦争を慎重にすべきことを述べる。確実な利や得るものが無ければ、あるいは余程の危険が無ければ戦争は起こしてならない。最後に亡国・死者が二度とは生き返らないと述べることは、始計篇の冒頭部で「戦争を民の生死が決まり、国家存亡のわかれ道」と述べていることと呼応している。本篇が最終篇であったと考えられる理由である。

用間篇　第十三

用間篇《ようかん》は、五段落にわたって間諜の重要性を説いていく。

1敵に勝ち功績を挙げるために最も必要なものは「先知《せんち》」、すなわち先に敵情を知ることにある。そして、敵の情況は、祭祀や類推や計算ではなく、間諜によって知ることができる。2間諜は、郷里の人を間諜に用いる郷間《きょうかん》、敵の官吏を間諜に用いる内間《ないかん》、敵の間諜を寝返らせて用いる反間《はんかん》、偽りごとを外で作り出し、味方の間諜にそれを知らせ、敵の間諜にも伝えさせる死間《しかん》、敵地より帰還して報告する生間《せいかん》の五種がある。これらを同時に用い、敵に気づかれないのが神紀《しんき》であり、人君の至宝である。

3将は間に最も親しく対応し、最も手厚く褒賞を与えるべきである。また、将は間を使うために、聖智を持ち、仁義を持ち、密やかでなければならぬ。4反間を作るには、敵の守将以下の姓名を知ることから始める。それにより、自軍に潜入している敵軍の間諜を探し出し、大きな利を与え、反間を作り出し、敵情を知る。それにより、郷間・内間を使い、死間が作り出した虚偽を敵に知らせ、生間を予定どおり生還させる。すなわち、敵情を知るためには、反間を作り出すことが、最も肝要である。

5反間の具体的事例として掲げられる伊尹《いいん》と呂尚《りょしょう》は、スパイや間諜ではなく、殷《いん》と周《しゅう》の佐命の功臣であり、その権力が王にも匹敵した大宰相である。

『孫子』の「間」は、自国の宰相にも成し得る「上智《じょうち》」の人物を敵の陣営に潜り込ませ、あるいは敵から帰順させるような重みを持つ存在として用いられている。最も重要な「間」は「反間」であり、将が「間」を軍中で最も重視しなければならない理由はここにある。

1　先知

用間篇第十三[一]

孫子がいう、およそ十万の軍勢を動かし、千里の彼方《かなた》に遠征すれば、民草《たみくさ》の出費、国の支出は、一日に千金《せんきん》を費やす。（国の）内外は騒がしく、（遠征のために疲弊して）道路に怠《なま》け、農事を行えない者は、七十万家にのぼる[二]。（自軍と敵軍とが）互いに守ること数年になり、一日の勝利を争おうというのに、それなのに爵禄《しゃくろく》や百金を惜《お》しみ、敵情を知らない者は、不仁の極みである。人の将の器ではない。君主の輔佐ではない。勝ちを主導する者でもない。さて明君《めいくん》や賢将《けんしょう》が、動けば敵に勝ち、功績を衆人より突出して挙げる理由は、先知《せんち》（先に敵情を知ること）にある。先知というものは、鬼神《きしん》によって求められない[三]。他の事からは類推できない[四]。計算では求められない[五]。必ず人（の働き）より得て、敵の情況を知るのである[六]。

[一] 戦いには必ず先に間諜《かんちょう》を用いて、敵情を知るのである。
[二] いにしえは、八家を隣《りん》とした。(そのうちの)一家が従軍すれば、(残りの)七家は(従軍する)一家を支えた。言いたいことは十万の軍隊を起こせば、農業に従事できない者は、七十万家になるということである。
[三] (先知は)祭祀によって求めることはできない。
[四] (先知は)事の類推によって求めることはできない。
[五] (先知は)事の計算によってはかることはできない。
[六] (敵情を知ることができるのは)間諜による。

【読み下し】

用間第十三[一]

孫子曰く、凡《およ》そ師《し》を興すこと十万、出征すること千里なれば、百姓の費《つひえ》、公家《こうけ》の奉《まかなひ》は、日に千金を費やす。内外騒動し、道路に怠《おこた》り、事を操《と》るを得ざる者は、七十万家あり[二]。相《あい》守ること数年にして、以て一日の勝《かち》を争ふに、而るに爵禄・百金を愛《をし》み、敵の情を知らざる者は、不仁の至《いたり》なり。人の将に非《あら》ざるなり。主の佐《たすけ》に非ざるなり。勝の主に非ざるなり。故に明君・賢将、動けば人に勝ち、功を成すこと衆より出《い》づる所以《ゆゑん》の者は、先知《せんち》なり。先知なる者は、鬼神に取る可《べ》からず[三]。事に象《かたど》る可からず[四]。度に験す可からず[五]。必ず人より取りて、敵の情を知る者なり[六]。

［一］戦《たたかひ》には必ず先に間《かん》を用ひて、以て敵情を知るなり。

［二］古者《いにしへ》は、八家を隣と為す。一家 軍に従へば、七家は之を奉ず。言ふこころは十万の師 挙ぐれば、耕稼《かうか》に事《つか》へざる者は、七十万家なり。

［三］祭祀を以てして求む可からず。

［四］事類を以て求む可からざるなり。

［五］事数を以て度《はか》る可からざるなり。

［六］間人に因るなり。


【補注】
○先知なる者は、鬼神に取る可からず　『孫子』は、戦争に勝つために最も重要となる先知、すなわち、あらかじめ敵の実情を知ることは、鬼神から得られないとする。戦争を前に鬼神に祈ったり、吉凶を占ったりすることは無駄である、というのである。魏武注［三］は、先知を得るためには鬼神を祀《まつ》って求めるべきではないと解釈し、『孫子』が否定するのが、鬼神への信仰であることを明らかにしている。

【解説】

敵に勝ち功績を挙げるために最も必要なものは「先知」、すなわち先に敵情を知ることにある。そして、敵の情況は、祭祀や類推や計算ではなく、間諜によって知ることができる。

『孫子』は、このように重視する間諜の役割を論じていくために、続けて間諜の種類を五つに分類する。

2　五間

さて間諜《かんちょう》を用いる方法には五種類ある。郷間があり、内間があり、反間があり、死間があり、生間がある。（これらの）五つの間諜が同時に活動し、（敵は）そのあり方を知ることがない、これを神紀《しんき》という[七]。人君の至宝である。郷間というものは、その郷里の人を間諜に用いる。内間というものは、敵の官吏を間諜に用いる。反間というものは、敵の間諜を（寝返らせて）用いる。死間というものは、偽《いつわ》りごとを外で作り出し、味方の間諜にそれを知らせ、敵の間諜に伝えさせる。生間というものは、（敵地より）帰還して報告する。

[七]（神紀と言うのは）同時に五種類の間諜を任命して用いるからである。

【読み下し】

故に間を用ふるに五有り。郷間有り、内間有り、反間有り、死間有り、生間有り。五間倶《とも》に起こりて、其の道を知ること莫《な》し、是《こ》れ神紀と謂《い》ふ。人君の宝なり[七]。郷間なる者は、其の郷人に因《よ》りて之を用ふ。内間なる者は、其の官人に因りて之を用ふ。反間なる者は、其の敵の間に因りて之を用ふ。死間なる者は、誑事《きょうじ》を外に為《な》し、吾が間をして之を知らしめ、敵の間に伝へしむ。生間なる者は、反《かへ》りて報ずるなり。
［七］時を同《とも》にして五間を任用すればなり。

【補注】
○内間なる者は、其の官人に…　唐の李筌《りせん》は、内間は敵の官職を失った者を用いるとし、曹操が袁紹のもとで失脚した許攸《きょゆう》を用いた事例を挙げる。官渡の戦いで許攸の情報により烏巣《うそう》を焼いて曹操が勝利したことは、『三国志』巻一武帝紀を参照。

【解説】
郷間・内間・反間・死間・生間の五種類の間諜を同時に用いながら、敵に気づかれないことを『孫子』は神紀《しんき》と呼び、「人君の至宝」に譬《たと》えるほど重要視している。

3　間の厚遇

このため三軍のことについて、（将は）間諜ほど親しいものはなく、褒賞は間諜ほど手厚いものはなく、仕事は間諜ほど秘密なものはない。聖智《せいち》でなければ間諜を用いられず、仁義でなければ間諜を使えず、密《ひそ》やかでなければ間諜の実を得ることができない。微妙であるかな、微妙であるかな、（どのような情況でも）間諜を用いないことはない。間諜の得た事情が明らかになっていないのに先に漏《も》らせば、間諜とそれを聞いた者とをみな殺す。

【読み下し】
故に三軍の事、間より親しきは莫《な》く、賞は間より厚きは莫く、事は間より密なるは莫し。聖智に非《あら》ずんば間を用ふる能《あた》はず、仁義に非ずんば間を使ふ能はず、微妙に非ずんば間の実を得る能はず。微《かすか》なるかな、微なるかな、間を用ひざる所無きなり。間の事 未《いま》だ発せずして先に聞こゆれば、間と告げらるる者とは皆 死す。

【補注】
○賞は間より厚きは莫く　北宋の張預《ちょうよ》は、高い爵位と厚い利益がなければ、間諜は使えない、として前漢の陳平《ちんぺい》が劉邦《りゅうほう》に黄金四万斤《きん》を願い、楚の項羽《こうう》と范増《はんぞう》などの臣下との間を裂いた事例を挙げる。

【解説】
将は間に最も親しく対応し、最も手厚く褒賞を与えるべきである、という。『孫子』が、間を主力とする情報戦をいかに重視していたかを知ることができよう。また、将は間を使うために、聖智を持ち、仁義を持ち、密やかでなければならぬ、という。ここには『孫子』の将への要求の高さも現れている。

4　反間の重要性

およそ軍が攻撃しようとしているところ、（敵の）城で攻めようとしているところ、人で殺そうとしているところは、必ず先にまずその守将《しゅしょう》・（その）側近・謁者《えっしゃ》・門者《もんしゃ》・舎人《しゃじん》の姓名を知る（必要がある）。自軍の間諜により必ず探らせてそれを知る。必ず敵の間諜が来て我が軍の情況を諜報している者を探し、そしてこれに利を与え、誘導して（こちらに居るよう）留める、こうして反間を用いられるようになる［八］。この反間により敵情を知ることで、郷間・内間を使うことができるようになる。反間により敵情を知ることで、死間は虚偽の事を作りあげ、敵に知らせることができる。反間により敵情を知ることで、生間を予定のとおりに（活動）させることができる。五間の（もたらす）情報は、君主は必ずこれを知る。敵情を知るには必ず反間（を作れるか）による、そのため反間は厚遇しなければならない。

［八］舎は、（その場に）居り留まることである。

【読み下し】
凡《およ》そ軍の撃たんと欲する所、城の攻めんと欲する所、人の殺さんと欲する所は、必ず先づ其の守将・左右・謁者・門者・舎人の姓名を知る。吾が間をして必ず索《もと》めしめて之を知る。必ず敵の間の来たりて我を間する者を索め、因りて之に利し、導《みちび》きて之を舎《とど》む、故に反間得《え》て用ふ可きなり〔八〕。是《これ》に因りて之を知る、故に郷間・内間 得て使ふ可きなり。是に因りて之を知る、故に死間 誑事《きょうじ》を為《な》し、敵に告げしむ可し。是に因りて之を知る、故に生間 期するが如《ごと》くならしむ可し。五間の事、主は必ず之を知る。之を知るは必ず反間に在り、故に反間は厚くせざる可からざるなり。

〔八〕舎は、居《を》り止まるなり。

【補注】

○必ず先づ其の守将…の姓名を知る　北宋の張預《ちょうよ》は、守将は城を守る任務を帯びた将である。謁者は、賓客を掌る官である。門者は、門番である。舎人は、舎を守る人である。軍を攻撃し、城を攻め、人を殺す地は、必ずこれらの者の姓名を知ることがよろしい、とする。

【解説】

反間を作るには、敵の守将以下の姓名を知ることから始める。それにより、自軍に潜入している敵軍の間諜を探し出し、大きな利を与え、反間を作り出し、敵情を知る。反間を作り出したら、郷間・内間を使い、死間が作り出した虚偽を敵に知らせ、生間を予定どおり生還させる。すなわち、敵情を知るためには、反間を作り出すことが、最も肝要である。そのためには、敵の間を自軍の間にするためにも、自軍の間を敵の反間にしないためにも、間を厚遇しなければなるまい。

5　上智の間

むかし殷《いん》が興ったとき、伊尹《いいん》は夏《か》に（おり、情勢を探って）いた[九]。周《しゅう》が興ったとき、呂《りょ》尚《しょう》は殷に（おり、情勢を探って）いた[一〇]。明君や賢将は、上智《じょうち》である者を間とすることで、必ずや大いなる功績を成し遂げる。これが兵法の要《かなめ》であり、三軍は（間の情報に）依拠して動いているのである。

［九］（伊摯《いし》は）伊尹のことである。

［一〇］（呂牙《りょが》は）呂望（太公望呂尚）のことである。

【読み下し】

昔　殷の興るや、伊摯　夏に在り[九]。周の興るや、呂牙　殷に在り[一〇]。故に明君・賢将、能く上智を以て間と為す者は、必ず大功を成す。此《こ》れ兵の要《かなめ》にして、三軍の恃《たの》みて動く所なり。

［九］伊尹なり。

［一〇］呂望なり。

【補注】

○伊摯　夏に在り　伊尹のこと。殷の湯王《とうおう》は、表向きには罪によって伊尹を夏に送ったように見せ、実は夏の情勢を探らせたという（『呂氏春秋《りょししゅんじゅう》』慎大覧）。○呂牙 殷に在り 呂尚のこと。はじめ殷の紂王《ちゅうおう》に仕えたが、無道であったために紂王の下を去って西伯《せいはく》（周《しゅう》の文王《ぶんおう》）に仕えた（『史記』巻三十三 斉太公世家）。

【解説】

ここで「間」の具体的事例として掲げられる伊尹と呂尚は、スパイや間諜ではなく、殷と周の佐命の功臣であり、その権力が王にも匹敵した大宰相である。伊尹は、殷の湯王に請われて宰相となり、夏の桀王《けつおう》を討伐して殷の創業の功臣となった。その死後、雨・穀物・病気などを主《つかさど》る存在として神格化された。太公望《たいこうぼう》の通称で知られる呂尚は、周の文王《ぶんおう》・武王《ぶおう》の軍師を務め、殷との牧野《ぼくや》の戦いで周を勝利に導き、のち斉《せい》に封建された。兵法書の『六韜《りくとう》』はその著書と仮託され、後には武の最高神として国家の祭祀を受けた。伊尹も呂尚も、共に後世に祀られた人々である。

たしかに、伊尹は殷の湯王の怒りに触れたふりをして、夏に入って情報収集をしたという伝説があり、呂尚は周に仕える以前に殷の紂王に仕えていたとされる。しかし、二人とも、日本語で通常に使われる意味でのスパイや間諜ではない。

『孫子』の「間」は、自国の宰相にも成し得る「上智《じょうち》」の人物を敵の陣営に潜り込ませ、あるいは敵から帰順させるような重みを持つ存在として、用いられている。上智を内応させることができれば、戦いに勝利するのはむろん、前の王朝を倒壊させて、新たな王朝を創ることもできる。このこともあって、最も重要な「間」は「反間」、すなわち敵から内応させる「間」なのである。「間」を軍中で将が最も重視しなければならない理由はここにある。

【実戦事例二十　孟達を誘う】

「能く上智を以て間と為す者は、必ず大功を成す」

劉備《りゅうび》に仕えていた孟達《もうたつ》は、関羽《かんう》が曹操に敗れた際に、関羽を救援せずに劉備に怨まれ、曹操に降伏した。孟達はその後、曹魏を建国した文帝曹丕《ぶんていそうひ》に厚遇されたが、文帝の子である明帝《めいてい》には冷遇され、身の危険を覚えた。諸葛亮《しょかつりょう》は、第一次北伐にあたり、孟達を誘って外からの支援としようと考え、孟達に内応を求める書簡を与えた。孟達を「反間《はんかん》」にしようとしたのである。

孟達は、諸葛亮の書簡を得て、しばしば互いに連絡をして、曹魏に背こうとした。司馬懿は、孟達の反乱の兆候を察知すると、明帝に報告に行く間も惜しんで、直ちに孟達を攻め、これを滅ぼした。諸葛亮もまた、孟達に誠実な心が無かったことから、これを救い助けることはなかった。

「能く上智を以て間と為す者は、必ず大功を成す」と『孫子』はいう。孟達は「上智」ではなかったのである。

魏武注『孫子』原文

魏武帝註孫子巻一

始計第一[一]

孫子曰、兵者、国之大事。死生之地、存亡之道、不可不察也。故経之以五事、校之以七計、而索其情[二]。

一曰道[三]、二曰天、三曰地、四曰将、五曰法。道者、令民与上同意、可与之死、可与之生、而不畏危也[四]。天者、陰陽・寒暑・時制也[五]。地者、遠近・険易・広狭・死生也[六]。将者、智・信・仁・勇・厳也[七]。法者、曲制・官・道・主用也[八]。凡此五者、将莫不聞。知之者勝、不知者不勝。

故校之以計、而索其情[九]。曰、主孰有道。将孰有能[一〇]。天地孰得[一一]。法令孰行[一二]。兵衆孰強。士卒孰練。賞罰孰明。吾以此知勝負矣[一三]。

将聴吾計、用之必勝、留之。将不聴吾計、用之必敗、去之[一四]。

計利以聴、乃為之勢、以佐其外[一五]。勢者、因利而制権也[一六]。

兵者、詭道也[一七]。故能而示之不能、用而示之不用、近而示之遠、遠而示之近[一八]。利而誘之、乱而取之、実而備之[一九]、強而避之[二〇]、怒而撓之[二一]、卑而驕之、佚而労之[二二]、親而離之[二三]。攻其無備、出其不意[二四]。此兵家之勝、不可先伝也[二五]。

夫未戦而廟算勝者、得算多也。未戦而廟算不勝者、得算少也。多算勝、少算不勝。而況於無算乎。吾以此観之、勝負見矣[二六]。

[魏武注]

[一] 計者、選将、量敵、度地、料卒。計於廟堂也。

[二] 謂下五事・七計、求彼我之情也。

[三] 謂導之以教令。

[四] 危者、危疑也。

[五] 順天行誅、因陰陽・四時之制。故司馬法曰、冬・夏、不興師、所以兼愛吾民。

[六] 言以九地形勢不同、因時制利也。論在九地篇中。

[七] 将宜五徳備也。

[八] 曲制者、部曲・旗幟・金鼓之制也。官者、百官之分也。道者、糧路也。主用者、主軍費用也。

[九] 同聞五者、将知其変極、則勝也。索其情者、勝負之情。

[一〇] 道徳、智能。

[一一] 天時、地利。

[一二] 設而不犯、犯而必誅。

[一三] 以七事計之、知勝負矣。

[一四] 不能定計、則退去之。

[一五] 常法之外。

[一六] 制由観也。権因事制也。

[一七] 無常形、以詭詐爲道。

[一八] 欲進而治其道。若韓信之襲安邑、陳舟臨晋而渡於夏陽也。

[一九] 敵治実、須備之也。

[二〇] 避其所長也。

[二一] 待其衰懈也。

[二二] 以利労之。

[二三] 以間離之。

[二四] 撃其懈怠、出其空虚。

[二五] 伝、猶洩也。兵無常勢、水無常形。臨敵変化、不可先伝也。故料敵在心、察機在目也。

[二六] 以吾道観之矣。

孫子曰、凡用兵之法、馳車千乗[二]、革車千乗[三]、帯甲十万[四]、千里饋糧[五]。則内外之費、賓客之用、膠漆之材、車甲之奉、日費千金。然後十万之師挙矣[六]。

其用戦也、勝久則鈍兵挫鋭。攻城則力屈[七]、久暴師則国用不足。夫鈍兵挫鋭、屈力殫貨、則諸侯乗其弊而起。雖有智者、不能善其後矣。故兵聞拙速、未覩巧之久也[八]。夫兵久而国利者、未之有也。故不尽知用兵之害者、則不能尽知用兵之利也。

善用兵者、役不再籍、糧不三載[九]。取用於国、因糧於敵。故軍食可足也[一〇]。国之貧於師者遠輸。遠輸則百姓貧。近於師者貴売。貴売則百姓財竭[一一]。財竭則急於丘役。力屈中原、内虚於家。百姓之費、十去其七[一二]。公家之費、破車・罷馬、甲冑・矢弩、戟楯・蔽櫓、丘牛・大車、十去其六[一三]。故智将務食於敵。食敵一鍾、当吾二十鍾、萁秆一石、当吾二十石[一四]。

故殺敵者怒也[一五]、取敵之利者貨也[一六]。故車戦、得車十乗以上、賞其先得者[一七]、而更其旌旗[一八]、車雑而乗之[一九]、卒善而養之。是謂勝敵而益強[二〇]。

故兵貴勝、不貴久[二一]。故知兵之将、民之司命、国家安危之主也[二二]。

[魏武注]

[一] 欲戦必先算其費、務因糧於敵也。

[二] 軽車也。駕駟千乗也。

[三] 重車也。言万乗之重也。一車駕四、卒十、騎一。重養二人主炊家子、一人主保固守衣装、厮二人主養馬、凡五人。歩兵十人。重以大車駕牛。養二人主炊家子、一人主保守装。凡三人也。

［四］馳車、軽車也。駕駟馬。革車、主車也。
［五］越境千里。
［六］謂購賞猶在外之也。
［七］鈍、蔽也。屈、尽也。
［八］雖拙、有以速勝。未覩、言無也。
［九］籍、猶賦也。言初賦民、便取勝、不復帰国発兵也。始用糧、後遂因食敵、還兵入国、不復以糧迎之也。
［一〇］兵甲・戦具、取用於国中、糧食則因敵也。
［一一］軍行已出界、近於師者貪財、皆貴売、則百姓虚竭也。
［一二］丘、十六井也。百姓財殫尽而兵不解、則運糧尽力於原野也。十去其七者、所破費也。
［一三］丘牛、謂丘邑之牛。大車、乃長轂車也。
［一四］六斛四㪷為鍾。萁、豆稭也。秆、禾藁也。石、百二十斤也。転輸之法、費二十石乃得一石。
［一五］威怒以致敵。
［一六］軍無財、士不来。軍無賞、士不往。
［一七］以車戦能得敵車十乗已上賞賜之、不言車戦得車十乗已上者賞之、而言賞得者何。言欲開示賞其所得車之卒也。陳車之法、五車為隊、僕射一人。十軍為官、卒長一人。車満十乗、将吏二人。因而用之。故別言賜之、欲使将恩下及也。或曰、言使自有車十乗

已上与敵戦、但取其有功者賞之、其十乗已下、雖一乗独得、余九乗皆賞之、所以率進励士也。

[一八] 与吾同之。

[一九] 不独任也。

[二〇] 益己之強。

[二一] 久則不利。兵猶火也。不戢将自焚也。

[二二] 将賢則国安也。

謀攻第三[一]

孫子曰、凡用兵之法、全国為上、破国次之[二]。全軍為上、破軍次之[三]。全旅為上、破旅次之[四]。全卒為上、破卒次之[五]。全伍為上、破伍次之[六]。是故百戦百勝、非善之善者也。不戦而屈人之兵、善之善者也[七]。

故上兵伐謀[八]、其次伐交[九]、其次伐兵[一〇]、其下攻城[一一]。攻城之法、為不得已。修櫓・轒轀、具器械、三月而後成。距堙、又三月而後已[一二]。将不勝其忿、而蟻附之、殺士卒三分之一、而城不抜者、此攻之災也[一三]。故善用兵者、屈人之兵、而非戦也。抜人之城、而非攻也。毀人之国、而非久也[一四]。必以全争於天下。故兵不頓、而利可全。此謀攻之法也[一五]。

故用兵之法、十則囲之[一六]、五則攻之[一七]、倍則分之[一八]、敵則能戦之[一九]、少則能守之[二〇]、不若則能避之[二一]。故小敵之堅、大敵之擒也[二二]。

夫将者、国之輔也。輔周則国必強[二三]、輔隙則国必弱[二四]。故君之所以患於軍者三。不知軍之不可以進、而謂之進。不知軍之不可以退、而謂之退。是謂縻軍[二五]。不知三軍之事、而同三軍之政、則軍士惑矣[二六]。不知三軍之權、而同三軍之任、則軍士疑矣[二七]。三軍既惑且疑、則諸侯之難至矣。是謂乱軍引勝[二八]。

故知勝有五。知可以与戦、不可以与戦者勝。識衆寡之用者勝。上下同欲者勝[二九]。以虞待不虞者勝。将能而君不御者勝[三〇]。此五者、知勝之道也[三一]。

故曰、知彼知己、百戦不殆。不知彼而知己、一勝一負。不知彼不知己、毎戦必敗。

[魏武注]

[一] 欲攻敵、必先謀。

[二] 興師深入長駆、拠其都邑、絶其内外、敵挙国来服為上。以兵撃破得之為次也。

[三] 司馬法曰、万二千五百人為軍。

[四] 五百人為旅。

[五] 自校以上、至百人也。

[六] 百人以下、至五人。

[七] 未戦而敵自屈服。

[八] 敵始有謀、伐之易也。

[九] 交、将合也。

[一〇] 兵形已成也。

［一一］敵国已収其外糧城守。攻之為下政也。
［一二］修、治也。櫓、大楯也。轒轀者、轒牀也。轒牀其下有四輪、従中推之至城下也。具、備也。器械者、機関・攻守之総名、飛楼・雲梯之属也。距堙者、踊土積高、而前以附其城也。
［一三］将忿不待攻器成、而使士卒縁城而上、如蟻之縁牆、必殺傷士卒也。
［一四］毀滅人国、不久露師。
［一五］不与敵戦、而必完全得之、立勝於天下、則不頓兵挫鋭。
［一六］以十敵一、則囲之。是謂将智勇等而兵利鈍均也。若主弱客強、操所以倍兵囲下邳、生擒呂布也。
［一七］以五敵一、則三術為正、二術為奇。
［一八］以二敵一、則一術為正、一術為奇。
［一九］己与敵人衆等、善者猶当設奇伏以勝之。
［二〇］高壁堅塁、勿与戦也。
［二一］引兵避之。
［二二］小不能当大也。
［二三］将周密、謀不泄。
［二四］形見外也。
［二五］縻、御也。

［二六］軍容不入国、国容不入軍。礼不可以治兵。
［二七］不得其人也。
［二八］引、奪也。
［二九］君臣同欲。
［三〇］司馬法曰、進退惟時、無曰寡人。
［三一］此上五事也。

軍形第四［一］

孫子曰、昔之善戦者、先為不可勝、以待敵之可勝。不可勝在己［二］。可勝在敵［三］。故善戦者、能為不可勝、不能使敵之必可勝。故曰、勝可知［四］、而不可為［五］。不可勝者、守也［六］、可勝者、攻也［七］。守則不足、攻則有余［八］。善守者、蔵於九地之下、善攻者、動於九天之上。故能自保而全勝也［九］。見勝、不過衆人之所知、非善之善者也［一〇］。戦勝、而天下曰善、非善之善者也［一一］。故挙秋毫、不為多力。見日月、不為明目。聞雷霆、不為聡耳［一二］。古之所謂善戦者、勝於易勝者也［一三］。故善戦者之勝也、無智名、無勇功［一四］。故其戦勝不忒。不忒者、其所措必勝。勝已敗者也［一五］。故善戦者、立於不敗之地、而不失敵之敗也。是故勝兵先勝、而後求戦。敗兵先戦、而後求勝［一六］。

善用兵者、修道而保法。故能為勝敗之政［一七］。兵法、一曰度、二曰量、三曰数、四曰称、五曰勝[一八]。地生度[一九]、度生量、量生数[二〇]、数生称[二一]、称生勝[二二]。
故勝兵若以鎰称銖、敗兵若以銖称鎰[二三]。勝者之戦、若決積水於千仞之谿者、形也[二四]。

[魏武注]
[一] 軍之形也。我動彼応。両敵相察情也。
[二] 守固備也。
[三] 自修治、以待敵之虚懈也。
[四] 見成形也。
[五] 敵有備故也。
[六] 蔵形也。
[七] 敵攻、己乃可勝。
[八] 吾所以守者、力不足。所以攻者、力有余。
[九] 喩其深微。
[一〇] 当見未萌。
[一一] 争鋒者也。
[一二] 易見聞也。
[一三] 原微易勝。攻其可勝、不攻其不可勝。
[一四] 敵兵形未成、勝之無赫赫之功。戦勝而天下不知。
[一五] 察敵必可敗、不差忒。

[一六] 有謀与無慮也。
[一七] 善用兵者、先修治為不可勝之道、保法度、不失敵之敗乱也。
[一八] 勝敗之政、用兵之法、当以此五事称量、知敵之情。
[一九] 因地形勢而度之。
[二〇] 知其遠近・広狭、知其人数也。
[二一] 称量己与敵孰愈也。
[二二] 称量之、故知其勝負所在也。
[二三] 軽不能挙重也。
[二四] 八尺曰仞。決水千仞、其勢疾也。

兵勢第五[一]

孫子曰、凡治衆如治寡、分数是也[二]。闘衆如闘寡、形名是也[三]。三軍之衆、可使必受敵而無敗者、奇正是也[四]。兵之所加、如以碫投卵者、虚実是也[五]。

凡戦者、以正合、以奇勝[六]。故善出奇者、無窮如天地、不竭如江海。終而復始、日月是也。死而復生、四時是也。声不過五、五声之変、不可勝聴也。色不過五、五色之変、不可勝観也。味不過五、五味之変、不可勝嘗也[七]。戦勢不過奇正、奇正之変、不可勝窮也。奇正相生、如循環之無端。孰能窮之哉。

激水之疾、至於漂石者、勢也。鷙鳥之撃、至於毀折者、節也[八]。是故善戦者、其勢険[九]、其節短[一〇]。勢如彍弩、節如発機[一一]。

紛紛紜紜、闘乱而不可乱[一二]。渾渾沌沌、形円而不可敗[一三]。乱生於治、怯生於勇、弱生於強[一四]。治乱、数也[一五]。勇怯、勢也。強弱、形也[一六]。

故善動敵者、形之、敵必従之[一七]。予之、敵必取之[一八]。以利動之、以本待之[一九]。故善戦者、求之於勢、不責於人。故能択人而任勢[二〇]。任勢者、其戦人也、如転木石。木石之性、安則静、危則動、方則止、円則行[二一]。故善戦人之勢、如転円石於千仞之山者、勢也。

魏武帝註孫子巻上

[魏武注]

[一]　用兵任勢也。

[二]　部曲為分、什伍為数。

[三]　旌旗曰形、金鼓曰名。

[四]　先出合戦為正、後出為奇。

[五]　以至実撃至虚也。

[六]　正者当敵、奇者従傍撃不備。

[七]　以喩奇正之無窮也。

[八]　発起撃敵也。

[九]　険、猶疾也。

[一〇]　短、近也。

[一一] 在度不遠、発則中也。
[一二] 乱旌旗以示敵、以金鼓斉之也。
[一三] 車騎転也。形円者、出入有道斉整也。
[一四] 皆毀形匿情也。
[一五] 以部分名数為之、故不可乱也。
[一六] 形勢所宜。
[一七] 見形羸也。
[一八] 以利誘敵、敵遠離其塁。而以便勢撃其空虚孤特也。
[一九] 以利動敵也。
[二〇] 求之於勢者、専任権也。不責於人者、権変明也。
[二一] 任自然勢也。

虚実第六[一]

孫子曰、凡先処戦地而待敵者佚[二]、後処戦地而趨戦者労。故善戦者、致人而不致於人。能使敵人自至者、利之也[三]。能使敵人不得至者、害之也[四]。故敵佚能労之[五]、飽能飢之[六]、安能動之[七]。

出其所不趨、趨其所不意。行千里而不労者、行於無人之地也[八]。攻而必取者、攻其所不守也。守而必固者、守其所不攻也。故善攻者、敵不知其所守。善守者、敵不知其所攻[九]。微乎微乎、至於無形。神乎神乎、至於無声。故能為敵之司命。

進而不可禦者、衝其虚也。退而不可追者、速而不可及也[一〇]。故我欲戦、敵雖高塁深溝、不得不与我戦者、攻其所必救也[一一]。我不欲戦、雖劃地而守之[一二]、敵不得与我戦者、乖其所之也[一三]。

故形人而我無形、則我専而敵分、我専為一、敵分為十、是以十攻其一也。則我衆而敵寡、能以衆撃寡、則吾之所与戦者、約矣。吾所与戦之地不可知。不可知、則敵所備者多、敵所備者多、則吾所与戦者寡矣。故備前則後寡、備後則前寡、備左則右寡、備右則左寡。無所不備、則無所不寡。寡者、備人者也。衆者、使人備己者也[一四]。

故知戦之地、知戦之日、則可千里而会戦[一五]。不知戦地、不知戦日、則左不能救右、右不能救左、前不能救後、後不能救前。而況遠者数十里、近者数里乎。以呉度之、越人之兵雖多、亦奚益於勝哉[一六]。故曰、勝可為也。敵雖衆、可使無闘。故策之而知得失之計、作之而知動静之理、形之而知死生之地、角之而知有余・不足之処[一七]。

故形兵之極、至於無形。無形則深間不能窺、智者不能謀。因形而措勝於衆、之不能知[一八]。人皆知我所以勝之形、而莫知吾所以制勝之形[一九]。故其戦勝不復、而応形於無窮[二〇]。

夫兵形象水。水之形、避高而趨下、兵之形、避実而撃虚。水因地而制流、兵因敵而制勝。故兵無常勢、水無常形。能因敵変化而取勝者、謂之神[二一]。故五行無常勝、四時無常位、日有短長、月有死生[二二]。

［魏武注］

［一］能虚実彼己也。

［二］力有余也。

［三］誘之以利也。

［四］出其所必趨、攻其所必救。

［五］以事煩之。

［六］絶其糧道。

［七］攻其所必愛、出其所必趨、使敵不得不相救也。

［八］出空撃虚、避其所守、撃其不意。

［九］情不泄也。

［一〇］卒往進攻其虚懈、退又疾也。

［一一］絶其糧道、守其帰路而攻其君主也。

［一二］軍不欲煩也。

［一三］乖、戻也。戻其道、示以利害、使敵疑也。

［一四］上所謂形蔵敵疑、則分離其衆、以備我也。

［一五］以度量、知空虚・会戦之日。

［一六］呉・越、讐国也。

［一七］角、量也。

［一八］因敵形而立勝。
［一九］不以一形勝万形。故制勝者、人皆知吾所以勝、莫知吾因敵形而制勝也。
［二〇］不重復動而応之也。
［二一］勢盛必衰、形露必敗。故能因敵変化、取勝若神。
［二二］兵無常勢、盈縮随敵。

軍争第七[一]

孫子曰、凡用兵之法、将受命於君、合軍聚衆[二]、交和而舎[三]、莫難於軍争[四]。軍争之難者、以迂為直、以患為利[五]。故迂其途[六]、而誘之以利、後人発、先人至[七]。此知迂直之計者也。

故軍争為利、軍争為危[八]。挙軍而争利、則不及[九]。委軍而争利、則輜重捐[一〇]。是故巻甲而趨、日夜不処[一一]、倍道兼行、百里而争利、則擒三将軍[一二]。勁者先、疲者後、其法十一而至。五十里而争利、則蹶上将軍、其法半至[一三]。三十里而争利、則三分之二至[一四]。是故軍無輜重則亡、無糧食則亡、無委積則亡[一五]。

故不知諸侯之謀者、不能豫交[一六]。不知山・林・険・阻・沮・沢之形者、不能行軍[一七]。不用郷導者、不能得地利。

故兵以詐立、以利動、以分合為変者也[一八]。故其疾如風[一九]、其徐如林[二〇]、侵掠如火[二一]、不動如山[二二]、難知如陰、動如雷霆。掠郷分衆[二三]、廓地分利[二四]、懸権而動[二五]、先知迂直之計者勝。

此軍争之法也。

軍政曰、言不相聞、故為金鼓。視不相見、故為旌旗。夫金鼓・旌旗者、所以一人之耳目也。人既専一、則勇者不得独進、怯者不得独退。此用衆之法也。故夜戦多火鼓、昼戦多旌旗、所以変人之耳目也。

故三軍可奪気[三六]、将軍可奪心。是故朝気鋭、昼気惰、暮気帰。故善用兵者、避其鋭気、撃其惰帰。此治気者也。以治待乱、以静待譁。此治心者也。以近待遠、以佚待労、以飽待飢。此治力者也。無邀正正之旗、勿撃堂堂之陣。此治変者也[三七]。

故用兵之法、高陵勿向。背丘勿逆。佯北勿従。鋭卒勿攻。餌兵勿食。帰師勿遏。囲師必闕[三八]、窮寇勿迫。此用兵之法也。

［魏武注］

［一］両軍争勝。

［二］聚国人、結行伍、選部曲、起営陳也。

［三］軍門為和門、左右門為旗門。以車為営曰轅門、以人為営曰人門。両軍相対為交和。

［四］従始受命、至於交和、軍争為難也。

［五］示以遠、邇其道里、先敵至也。

［六］迂其途者、示之遠也。

［七］後人発、先人至者、明於度数、先知遠近之計也。

［八］善者則以利、不善者則以危。

［九］遅不及也。

［一〇］置輜重、則恐捐棄也。

［一一］不得休息。

［一二］百里争利、非也。三将軍皆以為擒。

［一三］蹶、猶挫也。

［一四］道近至者多、故無死敗也。

［一五］無此三者、亡之道也。

［一六］不知敵情者、不能結交。

［一七］高而崇者為山、衆樹所聚者為林、坑塹者為険、一高一下者為阻、水草漸洳者為沮、衆水所帰而不流者為沢。不先知軍之所抛及山川之形者、則不能行師也。

［一八］兵一分一合、以敵為変也。

［一九］撃空虚也。

［二〇］不見利也。

［二一］疾也。

［二二］守也。

［二三］因敵制勝。

［二四］広地以分敵利。

［二五］量敵而動。

〔二六〕左氏言、一鼓作気、再而衰、三而竭。
〔二七〕正正、整斉也。堂堂、大也。
〔二八〕司馬法曰、囲其三面、闕其一面、所以示生路也。

九変第八〔一〕

孫子曰、凡用兵之法、将受命於君、合軍聚衆。圮地無舎〔二〕、衢地合交〔三〕、絶地無留〔四〕、囲地則謀〔五〕、死地則戦〔六〕。途有所不由〔七〕、軍有所不撃〔八〕、城有所不攻〔九〕、地有所不争〔一〇〕、君命有所不受〔一一〕。故将通於九変之利者、知用兵矣。将不通九変之利者、雖知地形、不能得地之利矣。治兵不知九変之術、雖知五利、不能得人之用矣〔一二〕。是故智者之慮、必雑於利害〔一三〕、雑於利而務可信也〔一四〕、雑於害而患可解也〔一五〕。是故屈諸侯者以害〔一六〕、役諸侯者以業〔一七〕、趨諸侯者以利〔一八〕。故用兵之法、無恃其不来、恃吾有以待之。無恃其不攻、恃吾有所不可攻也〔一九〕。故将有五危。必死可殺〔二〇〕、必生可虜〔二一〕、忿速可侮〔二二〕、廉潔可辱〔二三〕、愛民可煩〔二四〕。凡此五者、将之過也、用兵之災也。覆軍殺将、必以五危。不可不察也。

〔魏武注〕
〔一〕変其正、得其所用有九也。
〔二〕無所依也。水毀曰圮。

［三］結諸侯也。衢地、四通之地。

［四］無久止也。

［五］発奇謀也。

［六］殊死戦也。

［七］隘難之地、所不当従。不得已従之、故為変。

［八］軍雖可撃、以地険難留之、失前利。若得之則利薄、困窮之兵、必死戦也。

［九］城小而固、糧饒、不可攻也。操所以置華・費而深入徐州、得十四県也。

［一〇］小利之地、方争得而失之、則不争也。

［一一］苟便於事、不拘於君命也。

［一二］謂下五変。

［一三］在利思害、在害思利。当難行権也。

［一四］計敵不能依五地、為我害。所務可信也。

［一五］既参於利、則亦計於害。雖有患可解也。

［一六］害、其所悪也。

［一七］業、事也。使其煩労。若彼入我出、彼出我入也。

［一八］令自来也。

［一九］安不忘危、常設備也。

［二〇］勇而無慮、必欲死闘、不可曲撓。可以奇伏中之。

〔二一〕見利畏怯不進。
〔二二〕疾急之人、可忿怒侮而致之也。
〔二三〕廉潔之人、可汙辱致之。
〔二四〕出其所必趨、愛民者、必倍道兼行以救之。則煩労也。

行軍第九〔一〕

孫子曰、凡処軍相敵、絶山依谷〔二〕、視生処高〔三〕、戦隆無登〔四〕、此処山之軍也。絶水必遠水〔五〕、客絶水而来、勿迎於水内、令半渡而撃之利〔六〕。欲戦者、無附於水而迎客〔七〕、視生処高〔八〕、無迎水流〔九〕。此処水上之軍也。絶斥沢、唯亟去無留。若交軍於斥沢之中、必依水・草、而背衆樹〔一〇〕。此処斥沢之軍也。平陸処易〔一一〕、右背高、前死後生〔一二〕。此処平陸之軍也。凡此四軍之利、黄帝之所以勝四帝也〔一三〕。

凡軍好高而悪下、貴陽而賤陰。養生而処実、軍無百疾、是謂必勝〔一四〕。丘陵・隄防、必処其陽、而右背之。此兵之利、地之助也。上雨、水沫至、欲渉者、待其定也〔一五〕。

凡地有絶澗・天井・天牢・天羅・天陥・天隙、必亟去之、勿近〔一六〕。吾遠之、敵近之。吾迎之、敵背之〔一七〕。

軍旁有険阻・潢井・蒹葭・林木・蘙薈者、必謹覆索之。此伏姦之所也〔一八〕。敵近而静者、恃其険也。遠而挑戦者、欲人之進也。其所居易者、利也〔一九〕。

衆樹動者、来也〔二〇〕。衆草多障者、疑也〔二一〕。鳥起者、伏也〔二二〕。獣駭者、覆也〔二三〕。塵高而鋭者、車来也。卑而広者、徒来也。散而条達者、樵採也。少而往来者、営軍也。辞卑而益備者、進也[二四]。辞強而進駆者、退也[二五]。軽車先出、居其側者、陳也[二六]。無約而請和者、謀也[二七]。奔走而陳兵者、期也。半進半退者、誘也。杖而立者、飢也。汲而先飲者、渇也。見利而不進者、労也[二八]。鳥集者、虚也。夜呼者、恐也[二九]。軍擾者、将不重也。旌旗動者、乱也。吏怒者、倦也。殺馬肉食者、軍無糧也。懸缻不返其舎者、窮寇也。諄諄諭諭、徐与人言者、失衆也[三〇]。数賞者、窘也。数罰者、困也。先暴而後畏其衆者、不精之至也[三一]。来委謝者、欲休息也。兵怒而相迎、久而不合、又不相去、必謹察之[三二]。

兵非貴益多[三三]。惟無武進[三四]、足以併力料敵、取人而已[三五]。夫唯無慮而易敵者、必擒於人。卒未親附而罰之、則不服。不服則難用。卒已親附而罰不行、則不可用[三六]。故令之以文、斉之以武[三七]。是謂必取。令素行以教其民、則民服。令不素行以教其民、則民不服。令素行者、与衆相得也。

魏武帝註孫子巻中

[魏武注]

[一] 択便利而行也。

[二] 近水・草、便利也。

[三] 生者、陽也。

[四] 無迎高也。

［五］引敵使渡。
［六］半渡、勢不可併、故可敗。
［七］附、近也。
［八］水上当処其高、前向水、後当依高而処。
［九］恐溉我也。
［一〇］不得已与敵会於斥沢之中。
［一一］車・騎之利。
［一二］戦便也。
［一三］黄帝始立、四方諸侯亦称帝。以此四地勝之也。
［一四］恃満実也。養生、向水・草、可放牧養畜・乗。実、猶高也。
［一五］恐半渡而水遽漲也。
［一六］山深水大者為絶澗。四方高中央下者為天井。深山所過若蒙籠者為天牢。可以羅絶人者為天羅。地形陥者為天陥。澗道迫狭、深数丈者為天隙。
［一七］用兵常遠六害、令敵近背之、則我利敵凶。
［一八］険者、一高一下之地。阻者、多水也。潢者、池也。井者、下也。蒹葭者、衆草所聚也。林木者、衆木所居也。蘙薈者、可以屏蔽之処也。此以上論地形、以下相敵情也。
［一九］所居利也。
［二〇］斬伐樹木、除道也。

［三一］結草為障、欲使我疑。
［三二］鳥起其上、下有伏兵。
［三三］敵広陳張翼、来覆我也。
［三四］其使来辞卑、使間視之。敵人増備也。
［三五］詭詐也。
［三六］陳兵、攻欲戦也。
［三七］無質盟之約請和者、必有謀于人也。
［三八］士卒疲労也。
［三九］軍士夜呼、将不勇也。
［三〇］諄諄、語貌。諭諭、失志貌。
［三一］先軽敵、後聞其衆、則心悪之也。
［三二］備奇伏也。
［三三］権力均也。
［三四］未見便也。
［三五］廝養足也。
［三六］恩信已洽、若無刑罰、則驕惰難用也。
［三七］文、仁也。武、法也。

地形第十[一]

孫子曰、地形有通者、有掛者、有支者、有隘者、有険者、有遠者[二]。我可以往、彼可以来、曰通。通形者、先居高陽、利糧道以戦、則利[三]。可以往、難以返、曰掛。掛形者、敵無備、出而勝之。敵若有備、出而不勝、難以返、不利。我出而不利、彼出而不利、曰支。支形者、敵雖利我、我無出也。引而去之、令敵半出而撃之、利。隘形者、我先居之、必盈之以待敵。若敵先居之、盈而勿従。不盈而従之[四]。険形者、我先居之、必居高陽以待敵。若敵先居之、引而去之、勿従也[五]。遠形者、勢均、難以挑戦、戦而不利[六]。凡此六者、地之道也。将之至任、不可不察也。

故兵有走者、有弛者、有陥者、有崩者、有乱者、有北者。凡此六者、非天地之災、将之過也。夫勢均、以一撃十、曰走[七]。卒強吏弱、曰弛[八]。吏強卒弱、曰陥[九]。大吏怒而不服、遇敵懟而自戦、将不知其能、曰崩[一〇]。将弱不厳、教道不明、吏卒無常、陳兵縦横、曰乱[一一]。将不能料敵、以少合衆、以弱撃強、兵無選鋒、曰北[一二]。凡此六者、敗之道也。将之至任、不可不察也。

夫地形者、兵之助也。料敵制勝、計険易・遠近、上将之道也。知此而用戦者、必勝。不知此而用戦者、必敗。故戦道必勝、主曰無戦、必戦可也。戦道不勝、主曰必戦、無戦可也。故進不求名、退不避罪、唯民是保、而利於主、国之宝也。

視卒如嬰児、故可与之赴深谿。視卒如愛子、故可与之倶死。愛而不能令、厚而不能使、乱而不能治、譬如驕子、不可用也[一三]。

知吾卒之可以撃、而不知敵之不可撃、勝之半也。知敵之可撃、而不知吾卒之不可以撃、勝之半也[一四]。知敵之可撃、知吾卒之可以撃、而不知地形之不可以戦、勝之半也。故知兵者、動而不迷、挙而不窮。故曰、知彼知己、勝乃不殆。知天知地、勝乃可全。

[魏武注]

[一] 欲戦、審地形以立勝也。

[二] 此六者、地之形也。

[三] 寧致人、無致於人。

[四] 隘形者、両山之間通谷也。敵勢不得撓我也。我先居之、必前斉隘口、陳而守之、以出奇也。敵若先居此地、斉隘口陳、勿従也。即半隘陳者従之、而与敵共此利也。

[五] 地険隘、尤不可致於人。

[六] 挑戦者、延敵也。

[七] 不料力也。

[八] 吏不能統卒、故弛壊。

[九] 吏強欲進、卒弱、輒陥敗也。

[一〇] 大吏、小将也。大将怒之、心不圧服、忿而赴敵、不量軽重、則必崩壊。

[一一] 為将若此、乱之道也。

[一二] 其勢若此、必走之兵也。

[一三] 恩不可専用、罰不可独任。若驕子之喜怒対目、還害而不可用也。

[一四] 勝之半者、未可知也。

九地第十一[一]

孫子曰、用兵之法、有散地、有軽地、有争地、有交地、有衢地、有重地、有圮地、有囲地、有死地[二]。諸侯自戦其地者、為散地[三]。入人之地而不深者、為軽地[四]。我得亦利、彼得亦利者、為争地[五]。我可以往、彼可以来者、為交地[六]。諸侯之地三属[七]、先至而得天下之衆者、為衢地[八]。入人之地深、背城邑多者、為重地[九]。山・林・険・阻・沮・沢、凡難行之道者、為圮地[一〇]。所由入者隘、所従帰者迂、彼寡可以撃吾之衆者、為囲地。疾戦則存、不疾戦則亡者、為死地[一一]。

是故散地則無戦、軽地則無止、争地則無攻[一二]、交地則無絶[一三]、衢地則合交[一四]、重地則掠[一五]、圮地則行[一六]、囲地則謀[一七]、死地則戦[一八]。

古之善用兵者、能使敵人、前後不相及、衆寡不相恃、貴賤不相救、上下不相収。卒離而不集、兵合而不斉。合於利而動、不合於利而止[一九]。敢問、敵衆整而将来、待之若何[二〇]。曰、先奪其所愛、則聴矣[二一]。兵之情主速、乗人之不及、由不虞之道、攻其所不戒也[二二]。

凡為客之道、深入則専、主人不克。掠於饒野、三軍足食。謹養而勿労、并気積力、運兵計謀、為不可測[二三]。投之無所往、死且不北。死焉不得[二四]、士人尽力[二五]。兵士甚陥則不懼[二六]、無所往則固、入深則拘[二七]、不得已則闘[二八]。是故、其兵不修而戒、不求而得、不約而親、不令而信[二九]。禁祥去疑、至死無所之[三〇]。吾士無余財、非悪貨也。無余命、非悪寿也[三一]。令発之日、士卒坐者涕霑襟、偃臥者涕交頤[三二]。投之無所往、諸・劌之勇也。

故善用兵者、譬如率然。率然者、常山之蛇也。撃其首、則尾至、撃其尾、則首至、撃其中、則首尾倶至。敢問、兵可使如率然乎。曰、可。夫呉人与越人相悪也、当其同舟済而遇風、其相救也如左右手。是故、方馬埋輪、未足恃也[三三]。斉勇若一、政之道也。剛柔皆得、地之理也[三四]。故善用兵者、攜手若使一人、不得已也[三五]。

将軍之事、静以幽、正以治[三六]。能愚士卒之耳目、使之無知[三七]。易其事、革其謀、使人無識。易其居、迂其途、使人不得慮。帥与之期、如登高而去其梯。帥与之深、入諸侯之地而発其機、若駆群羊、駆而往、駆而来、莫知所之[三八]。聚三軍之衆、投之於険[三九]。此将軍之事也。九地之変、屈伸之利、人情之理、不可不察也[四〇]。

凡為客之道、深則専、浅則散。去国越境而師者、絶地也。四通者、衢地也。入深者、重地也。入浅者、軽地也。背固前隘者、囲地也。無所往者、死地也。是故散地吾将一其志。軽地吾将使之属[四一]。争地吾将趨其後[四二]。交地吾将謹其守。衢地吾将固其結。重地吾将継其食[四三]。圮地吾将進其途[四四]。囲地吾将塞其闕[四五]。死地吾将示之以不活[四六]。故兵之情、囲則禦[四七]、不得已則闘[四八]、過則従[四九]。

是故不知諸侯之謀者、不能豫交。不知山・林・険・阻・沮・沢之形者、不能行軍。不用郷導者、不能得地利[五〇]。四五者一不知、非霸王之兵也[五一]。夫霸王之兵、伐大国則其衆不得聚。威加於敵、則其交不得合。是故不争天下之交、不養天下之権、信己之私、威加於敵[五二]。故其城可抜、其国可堕。

施無法之賞、懸無政之令[五三]、犯三軍之衆、若使一人[五四]。犯之以事、勿告以言[五五]。犯之以利、勿告以害[五六]。投之亡地然後存、陥之死地然後生。夫衆陥於害、然後能為勝敗[五七]。故為兵之事、在順佯敵之意[五八]。并敵一向、千里殺将[五九]。是謂巧能成事[六〇]。

是故政挙之日、夷関折符、無通其使[六一]、厲於廊廟之上、以誅其事[六二]。敵人開闔、必亟入之[六三]。先其所愛[六四]、微与之期[六五]、践墨随敵、以決戦事[六六]。是故始如処女、敵人開戸。後如脱兎、敵不及拒[六七]。

[魏武注]

[一] 欲戦之地有九。

[二] 此九地之名也。

[三] 士卒恋土道近、易散。

[四] 士卒皆軽返也。

[五] 可以少勝衆、以弱撃強。

[六] 道正相交錯也。

[七] 我与敵相当、而旁有他国也。

[八] 先至、得其国助也。

[九] 難返之地。

[一〇] 少固也。

[一一] 前有高山、後有大水。進則不得、退則有碍。

［一二］不当攻。当先至為利也。
［一三］相及属也。
［一四］結諸侯也。
［一五］蓄積糧食也。
［一六］無稽留也。
［一七］発奇謀也。
［一八］殊死戦也。
［一九］暴之使離、乱之使不斉。動兵而戦。
［二〇］或人問之。
［二一］奪其所恃之利。若先拠利地、則我所欲必得也。
［二二］孫子応難、以覆陳兵情也。
［二三］養士気、并兵力、為不可測度之計。
［二四］士死、安不得也。
［二五］在難地、心并也。
［二六］士陥在死地、則意専不懼。
［二七］拘、専也。
［二八］人窮則死戦也。
［二九］不求索其意、而自得也。

［三〇］禁妖祥之言、去疑惑之計。
［三一］皆焚焼物、非悪貨之多也。棄財致死者、不得已也。
［三二］皆持必死之計。
［三三］方馬、縛馬也。埋輪、恃不動也。此言専難不如権巧。故曰、雖方馬埋輪、不足恃也。
［三四］強弱勢也。
［三五］斉一貌也。
［三六］謂清浄・幽深・平正也。
［三七］愚、誤也。民可与楽成、不可与慮始。
［三八］一其心也。
［三九］険、難也。
［四〇］人情見利而進、遭害而退。
［四一］使相交属。
［四二］地利在前、当速進其後也。
［四三］掠彼也。
［四四］疾過也。
［四五］以一其心也。
［四六］励士心也。
［四七］相持御也。

[四八] 勢有不得已也。
[四九] 陥之甚過、則従計也。
[五〇] 上已陳此三事、而復云者、力悪不能用兵。故復言也。
[五一] 四五者、謂九地之利害。或曰、上四五事也。
[五二] 霸者、不結成天下諸侯之権也。絶天下之交、奪天下之権、故威得伸而自私。故国可抜也、城可隳也。
[五三] 言軍法令不豫施懸之。司馬法曰、見敵作誓、瞻功作賞。
[五四] 犯、用也。言明賞罰、雖用衆、若使一人也。
[五五] 兵尚詐。
[五六] 勿使知害。
[五七] 必殊死戦。或在死・亡之地、亦有敗者。孫臏曰、兵恐、不投之死地也。
[五八] 佯、愚也。或曰、彼欲進、設伏而退。彼欲去、開而撃之。
[五九] 先示之以間空・虚弱之処、敵則並向而利之。雖千里可擒其将也。
[六〇] 是成事之巧也。
[六一] 謀定則閉関梁、絶其符信、勿使通使。
[六二] 誅、治也。
[六三] 敵有間隙、当急入之也。
[六四] 拋便利也。

［六五］後人発、先人至。
［六六］行践規矩、無常也。
［六七］処女示弱、脱兎往疾也。

火攻第十二［一］

孫子曰、凡火攻有五。一曰火人、二曰火積、三曰火輜、四曰火庫、五曰火隊。行火必有因［二］、煙火必素具［三］。発火有時、起火有日。時者、天之燥也［四］。日者、月在箕・壁・翼・軫也。凡此四宿者、風起之日也。

凡火攻、必因五火之変而応之。火発於内、則早応之於外［五］。火発而其兵静者、待而勿攻。極其火力、可従而従之、不可従則止［六］。火可発於外、無待於内、以時発之。火発上風、無攻下風［七］。昼風久、夜風止。凡軍必知五火之変、以数守之［八］。

故以火佐攻者明［九］、以水佐攻者強。水可以絶、不可以奪［一〇］。

夫戦勝攻取、而不修其功者凶。命曰費留［一一］。故曰、明主慮之、良将修之。

非利不動、非得不用、非危不戦［一二］。主不可以怒而興師、将不可以慍而致戦。合於利而動、不合於利而止［一三］。怒可以復喜、慍可以復説、亡国不可以復存、死者不可以復生。故明君慎之、良将警之。此安国全軍之道也。

［魏武注］

［一］以火攻、当択時日也。

［一］因姦人也。
［二］焼具也。
［三］燥者、旱也。
［四］以兵応之也。
［五］見可而進、知難而退。
［六］不便也。
［七］数、当然也。
［八］取勝明也。
［九］水但能絶敵糧道、分敵軍、不可奪敵蓄積。
［一〇］若水之留、不復還也。或曰、賞不以時、但留費也。賞善不踰月也。
［一一］不得已而用兵。
［一二］不以己之喜怒用兵也。

用間第十三［一］

孫子曰、凡興師十万、出征千里、百姓之費、公家之奉、日費千金、内外騒動、怠於道路、不得操事者、七十万家［二］。相守数年、以争一日之勝、而愛爵禄・百金、不知敵之情者、不仁之至也。非人之将也。非主之佐也。非勝之主也。故明君・賢将、所以動而勝人、成功出於衆者、先知也。先知者、不可取於鬼神［三］。不可象於事［四］。不可験於度［五］。必取於人、知敵之情者也[六]。

故用間有五。有郷間、有内間、有反間、有死間、有生間。五間倶起、莫知其道、是謂神紀。人君之宝也[七]。郷間者、因其郷人而用之。内間者、因其官人而用之。反間者、因其敵間而用之。死間者、為誑事於外、令吾間知之、而伝於敵間也。生間者、反報也。

故三軍之事、莫親於間、賞莫厚於間、事莫密於間。非聖智不能用間、非仁義不能使間、非微妙不能得間之実。微哉、微哉、無所不用間也。間事未発而先聞者、間与所告者皆死。

凡軍之所欲撃、城之所欲攻、人之所欲殺、必先知其守将・左右・謁者・門者・舍人之姓名。令吾間必索知之。必索敵間之来間我者、因而利之、導而舍之、故反間可得而用也[八]。因是而知之、故郷間・内間可得而使也。因是而知之、故死間為誑事、可使告敵。因是而知之、故生間可使如期。五間之事、主必知之。知之必在於反間、故反間不可不厚也。

昔殷之興也、伊摯在夏[九]。周之興也、呂牙在殷[一〇]。故明君・賢将、能以上智為間者、必成大功。此兵之要、三軍所恃而動也。

魏武帝註孫子巻下

[魏武注]

[一] 戦必先用間、以知敵情也。

[二] 古者、八家為隣。一家従軍、七家奉之。言十万之師挙、不事耕稼者、七十万家。

[三] 不可以祭祀而求。

[四] 不可以事類求也。

〔五〕不可以事数度也。
〔六〕因間人也。
〔七〕同時任用五間也。
〔八〕舎、居止也。
〔九〕伊尹也。
〔一〇〕呂望也。

解題

二人の孫子

三国曹魏《そうぎ》の基礎を築いた曹操《そうそう》（一五五～二二〇年）が、『孫子《そんし》』十七篇の字句を定めて注を付けたことは、孫盛《そんせい》の『異同雑語《いどうざつご》』に、次のように伝えられる。

（曹魏の太祖《たいそ》曹操は）諸書を広く読み、とりわけ兵法を好み、諸家の兵法を抜き出し集め、名づけて『接要《せつよう》』と呼んだ。また『孫武《そんぶ》』十三篇に注を付け、どちらも世間に伝わった。かつて許子将《きょししょう》（許劭《きょしょう》）に、「我《わたし》はどのような人でしょうか」と尋ねた。許子将は答えなかった。再三これに問うと、子将は、「子《きみ》は治世の能臣、乱世の姦雄《かんゆう》である」と言った。太祖は大いに笑った。（『三国志』巻一　武帝紀注引『異同雑語』）

孫盛によれば、曹操が注を付けた『孫子』は、『孫武』十三篇であり、それを著した者は、『史記《しき》』巻六十五　孫子・呉子《ごし》列伝に、呉王の闔廬《こうりょ》の寵妃を練兵で殺害した逸話が記される、春秋《しゅんじゅう》時代の呉の将軍である孫武となる。

しかし、南宋《なんそう》の葉適《しょうせき》（一一五〇～一二二三年）は、『習学記言《しゅうがくきげん》』巻四十六で、孫武の事績が『史記』以外にほぼ記載されないことから、孫武が呉で重用されたというのは作り話である、とした。また、江戸の斎藤拙堂《さいとうせつどう》（一七九七～一八六五年）は、『拙堂文集』で、孫武の出仕以前には弱体であった越《えつ》が虚実篇で兵の多さを記されること、呉と越の戦いは孫武の楚《そ》攻撃の後なのに九地篇では呉と越が憎みあうとされること、前五一五年に活躍したばかりの専諸《せんしょ》が百数十年前の曹劌《そうけい》と並べて例示されることなどから、孫武の事績は『史記』を著した司馬遷《しばせん》の伝承の誤りで、戦国《せんごく》時代の斉《せい》の軍師である孫臏《そんぴん》と同一人物である、とした。いずれも、現行の『孫子』十三篇の内容と『史記』の記す孫武の伝記との齟齬《そご》に疑問を持つものである。

しかも、班固《はんご》の『漢書《かんじょ》』藝文志《げんもんし》には、二系統の『孫子』の存在が記録され、それについて唐《とう》の顔師古《がんしこ》が、「呉孫子兵法《ごそんしへいほう》」を呉で活躍した孫武、「斉孫子《せいそんし》」を斉で活躍した孫臏の著作と比定していた。ただ、「呉孫子兵法」の八十二篇は、現行の『孫子』十三篇と篇数が合わず、何よりも『孫子』十三篇だけが伝わったことにより、現行の十三篇は、どちらの孫子の著作であるか、という視座が生まれた。そして、孫武の歴史状況に相応しくない記述が十三篇に含まれることから、現行の十三篇は、孫臏の著作であるという説が有力であった。

ところが、一九七二年に山東省《さんとうしょう》臨沂県《りんぎけん》銀雀山《ぎんじゃくざん》漢墓《かんぼ》群から出土した「銀雀山漢墓竹簡《ちくかん》」（「銀雀山漢簡」と略称）により状況は一変した。出土遺物の分析により前一四〇～前一一八年ごろと判明した、漢簡が出土した一号墓から、『孫子』『尉繚子《うつりょうし》』『晏子春秋《あんししゅんじゅう》』『六韜《りくとう》』『管子《かんし》』の一部を含む、兵書を中心とした竹簡が出土したのである。現行の『孫子』十三篇に対応する竹簡は一五三枚、約二七〇〇字で、現行の約四割に当たる。そのほか現行の『孫子』にはない、「孫子曰」から始まる多数の竹簡があり、その内容には孫臏と斉の威王《いおう》や田忌《でんき》との対話が含まれていたため、銀雀山漢墓竹簡整理小組《せいりしょうそ》『銀雀山漢墓竹簡（壱）』（文物出版社、一九七五年）は、『孫子』十三篇とは別に、三十篇からなる『孫臏兵法《そんぴんへいほう》』を編纂した。すなわち、『孫子』十三篇を春秋時代の孫武の書で、『漢書』に記録される「呉孫子兵法」であると確定し、新たに出土した「孫子曰」から始まる、十三篇には含まれない竹簡とそれに内容と書体が似る竹簡こそ、『漢書』の「斉孫子」、すなわち『孫臏兵法』としたのである。

これに対して、金谷治《かなやおさむ》『孫臏兵法』（東方書店、一九七六年）は、『孫子』十三篇と『孫臏兵法』は、「呉孫子兵法」と「斉孫子」といった関係ではなく、共に前漢末に八十九巻にまとめられた「斉孫子」の一部とみるべき、と指摘した。平田昌司《ひらたしょうじ》『孫子　解答のない兵法』（岩波書店、二〇〇九年）は、金谷説を継承して、『孫子』と「孫臏兵法」の両方を含む「銀雀山漢簡」は、「斉孫子」（斉系字体の写本）であり、それとは別に「呉孫子兵法」（南方系字体の写本）が漢に伝わっていた、と主張する。たとえば、『淮南子《えなんじ》』兵略訓《へいりゃくくん》の中には、一つの本から引用されるように、『孫子』十三篇と『孫臏兵法』の文章が、混在して引用される。両者の指摘に従い、それぞれを孫武・孫臏の著作と注をつけた顔師古の呪縛から逃れ、「銀雀山漢簡」は『孫子』と『孫臏兵法』を含んだ「斉孫子」と考えるべきであろう。

それは、『孫子』と『孫臏兵法』の著者を孫武・孫臏に限定することも、「銀雀山漢簡」により否定できるためである。「銀雀山漢簡」の『孫子』用間篇には、「□衛師比在陘、燕之興也、蘇秦在斉」という、現行本にはない十四文字が存在する。浅野裕一《あさのゆういち》『孫子』（講談社学術文庫、一九九七年）は、蘇秦《そしん》の活躍が前四世紀であるため、「銀雀山漢簡」の『孫子』十三篇の本文は、前三〇〇年ごろに手が加えられている、とした。これを承けて、平田昌司は、用間篇は、前三世紀に書かれて『孫子』十三篇の一つとなったが、後世の者が時代錯誤に気づいて、十四文字を削った、とこの事例を説明する。そして、呉・越に関する『孫子』の記述も検討して、『孫子』十三篇の成立時期を前三世紀に下るとしたのである。そうであれば、『孫子』は、孫武・孫臏だけの著作ではない。

そのうえで平田昌司は、『孫臏兵法』陳忌問塁《ちんきもんるい》篇に、「孫氏の道は天地に合《かな》ふ」とある表現に着目する。そして、「孫氏の道」こそ、孫武を祖とする学派の名称であるとし、その実力が評価されたのは、呉と越との戦いによる。このため、現行の『孫子』十三篇では、越への言及部分に違和感が生じた、とする。『孫子』十三篇は、孫武を祖とし、孫臏もその一人である「孫氏の道」を奉ずる孫氏学派たちにより、次第に形成されていったと考えてよい。

このように「銀雀山漢簡」が出土することにより、『漢書』藝文志に著録されていた「呉孫子兵法」と「斉孫子」の概要を把握できた。これらの書は、現行『孫子』十三篇中の中核を占める孫武の著述に、孫臏の著述を加えた、孫氏学派の共有テキストの地域的な異本である。そうなると、『孫子』の伝承における曹操の決定的な役割が浮かび上がる。現行の『孫子』十三篇のテキストを定めたものは、曹操となるからである。

ただし、曹操は、「呉孫子兵法」や「斉孫子」から、直接『孫子』十三篇を切り出したわけではない。曹操は、現行の『孫子』十三篇に近付いていた、何種類かの『孫子』のテキストを比べ合わせ、自らが正しいと考える本文を定めた。この作業を校勘《こうかん》と呼ぶ。曹操は、校勘した本文に、注をつけて解釈を示したのである。それでは校勘の具体像を見ていこう。

曹操の校勘

曹操が『孫子』十三篇のテキストを定めるために行った校勘は、范曄《はんよう》の『後漢書《ごかんじょ》』に残る『孫子』などとの比較が有効である。現行の魏武注『孫子』より、書き下し文を掲げよう。

勝つ可《べ》からざる者は、守ればなり[六]、勝つ可き者は、攻むればなり[七]。①守るは則ち足らざればなり、攻むるは則ち余《あまり》有ればなり[八]。②善《よ》く守る者は、九地の下に蔵《かく》れ、善く攻むる者は、九天の上に動く。故に能く自ら保ちて全く勝つなり[九]。

[六] 形を蔵《かく》せばなり。
[七] 敵 攻むれば、己《おのれ》乃《すなは》ち勝つ可し。
[八] ③吾 守る所以者《ゆゑんは》、力 足らざればなり。攻むる所以者《は》、力 余《あまり》有ればなり。
[九] 其《そ》の深微なるを喩《たと》ふ。

魏武注『孫子』の①「守則不足、攻則有余」という八文字は、曹操以前の『孫子』の本文とは、すべて異なる。曹操は、注を付ける前に、さまざまな『孫子』の文章を比較して、どれが相応しいのかを考えて本文を定めているのである。注に基づく、曹操の本文解釈を述べてから、曹操以前の『孫子』を検討しよう。

曹操は、③「自軍が守るのは、力が足りないからである。攻めるのは、力に余裕があるからである。」と解釈する。したがって、①の訳は「守るのは（力が）足りないからで、攻めるのは（力に）余裕があるからである」と定まる。注を付けるという行為は、分からない言葉を説明するだけではなく、文章の解釈を定めていくことである。①「守るのは足りないからで」ある、と本文をそのまま訳しても、守るのがどちらであるのか、足りないのは何であるのかは、分からない。それを曹操は［八］の注で定めており、その結果、本文の訳が定まるのである。そして、②の「善守者、蔵於九地之下、善攻者、動於九天之上（守るのが上手な者は、大地の下にひそむかのようで、攻めるのが上手なものは、大空を動きまわるかのようである）」という美しい比喩とも相俟《ま》って、敵味方を問わず、攻守の条件を規定する、抽象的で応用力の高い本文が定められている。②が比喩と定まるのも、［九］の注で曹操がそう捉えているからである。

これに対して、曹操の本に最も近いテキストは、後漢《ごかん》末の皇甫《こうほ》嵩《すう》が伝えている。皇甫嵩は、黄巾の乱に際して、張角の弟である張梁《ちょうりょう》・張宝《ちょうほう》を撃破し、また董卓《とうたく》の誅殺にも功績があり、驃騎《ひょうき》将軍（大《だい》将軍・車騎《しゃき》将軍に次ぐ将軍号）、太尉《たいい》を歴任した名将である。決して兵法に暗いわけではない。皇甫嵩が上奏文に引用する『孫子』の字句は、次のとおりである。

(1)百戦百勝は、戦はずして人の兵を屈するに如《し》かず。是を以て(2)先《ま》づ勝つ可《べ》からざるを為《な》して、以《もっ》て敵の勝つ可きを待つ。勝つ可からざるは我に在り、勝つ可きは彼に在り。(3)彼は守るに足らず、我は攻むるに余り有り。(4)余り有る者は、九天の上に動き、足らざる者は、九地の下に陥《おちい》る。（『後漢書』列伝六十一　皇甫嵩伝）

皇甫嵩は、このように(1)、(2)、(3)・(4)と『孫子』を引用したうえで、涼州《りょうしゅう》の賊である王国《おうこく》に攻められている陳倉《ちんそう》城に、早く進軍すべきと主張していた董卓を論破する。そして、疲弊した王国が逃亡すると、追撃を止める董卓を無視し、王国を追撃して滅ぼした。『孫子』の兵法を用いて賊を破った皇甫嵩に恥をかかされた董卓は、こののち皇甫嵩と対立していく。

皇甫嵩が自説の論拠とした『孫子』のうち、(1)は謀攻《ぼうこう》篇、(2)は軍形《ぐんけい》篇であるが、(1)は曹操の定めた現行の『孫子』と字句の相違がある。ここでは軍形篇の連続する字句である(3)・(4)に注目すると、先に掲げた軍形篇の①「守るは則ち足らざればなり、攻むるは則ち余有ればなり。善く守る者は、九地の下に蔵《かく》れ、善く攻むる者は、九天の上に動く」に似ているが、字句は異なっていることが分かる。分かり易くするため、原文で示そう。

曹操が定めた『孫子』軍形篇

①守則不足、攻則有余〔八〕。②善守者、蔵於九地之下、善攻者、動於九天之上。

皇甫嵩が上奏文に引用する『孫子』

(3)彼守不足、我攻有余。(4)有余者、動於九天之上、不足者、陥於九地之下。

曹操の定めた①「守則不足、攻則有余」が、攻守の彼我《ひが》を固定しないことに対して、皇甫嵩の引用する『孫子』は、戦力の多寡《たか》を(3)「彼」「我」により固定している。このために、自分が攻めて相手が守る場合にのみ、本文の適用範囲は限定される。また、曹操の定めた②「善守者、蔵於九地之下、善攻者、動於九天之上」が、「九」の注もあり、攻守による軍形の動きの比喩として解釈できることに対して、皇甫嵩の引用する『孫子』の(4)九天・九地は、余りあって攻める者が、圧倒的に勝つ理由の説明になっている。このように比較すると、曹操が定めた現行の『孫子』の方が、抽象的で応用が効《き》き、文学的にも美しい文であることを理解できる。

それでは曹操は、なぜ皇甫嵩の『孫子』とは異なる本文を定めたのであろうか。それは曹操が、皇甫嵩の『孫子』とは、字句の異なる『孫子』を見たことによろう。①の部分は、光《こう》武帝劉秀《ぶていりゅうしゅう》の中国統一に功績があった後漢初期の馮異《ふうい》の列伝、さらには、「銀雀山漢簡」にもあり、それぞれ字句が異なっている。②の部分を含めて時代順に原文で掲げよう。

1「銀雀山漢簡」
守則有余、攻則不足。昔善守者、〔臧〕〔蔵〕於九地之下、動九天之上。

2『後漢書』列伝七　馮異伝
攻者不足、守者有余。②は引用せず。

3『後漢書』列伝六十一　皇甫嵩伝
彼守不足、我攻有余。有余者、動於九天之上、不足者、陥於九地之下。

4　魏武注『孫子』軍形篇第四
守則不足、攻則有余。善守者、蔵於九地之下、善攻者、動於九天之上。

最も古い1「銀雀山漢簡」は、4魏武注『孫子』と「攻守」が逆であり、「守れば余裕があり、攻めれば力が足りない」と主張する。簡単で分かり易いが、ここに哲学的な深みや、攻守に対する想像力が働く余地は少ない。しかも、②の主語が「昔の善く守る者」だけで、攻める者がないために、4魏武注『孫子』に比べて、①と②が呼応せず、文意が通じにくい。2馮異伝は、①については1と文の順序が逆で、「則」を「者」につくる。「則」が「者」になると、条件であることが明示されないので、「攻める者は力が足りず、守る者は余裕がある」となり、1よりも一層、平板な記述となる。②の部分も引用されないため、説得力が増すこともない。3皇甫嵩伝は、すでに述べたように、①を「彼」と「我」に限定するために文意は浅い。4魏武注『孫子』が1〜3に比べて、格段に優れていることを理解できよう。

そして、1・2は、「守」は「有余」で「攻」は「不足」であるとし、3・4は、「守」は「不足」で「攻」は「有余」である、とする。内容として正反対であるため、後漢では、少なくとも二系統の『孫子』が存在した可能性がある。4魏武注『孫子』は、3の系統を継承しながら、1の二重傍線部の「則」も継承する。

すなわち、4魏武注『孫子』は、二つの系統の『孫子』を検討し、ここでは両者を折衷して、本文を校勘したと考えてよい。同時に4魏武注『孫子』は、3では「彼」・「我」、言い換えれば敵軍と自軍の相対関係において、攻守を固定的に考えていたことを脱却している。それに伴い、3では「有余者、動於九天之上、不足者、陥於九地之下」とする②について、4魏武注『孫子』は「善守者、蔵於九地之下、善攻者、動於九天之上」とする。3のように「彼」「我」を限定すると、戦力が足りなければ「九地の下」に「おちいる」解釈となる。だが、4魏武注『孫子』は、攻守を共に自軍の問題としたため、「おちいる」とは解釈しにくい。そこで、1「銀雀山漢簡」に、「昔善守者、（臧）（蔵）於九地之下」とある系統を引く本より、「蔵」を採用して「九地之下」に軍形を「かくす」と本文を定めたのではないか。

このように曹操は、少なくとも二系統の『孫子』を用意して、文章を校勘しながら定め、そこに注を付けたのである。そうすることで曹操は、『孫子』の含意を深め、応用の効くように改めた。曹操は、孫武が著した『孫子』の本来の姿に思いを致し、自らが孫武の正しい思想と考える文章になるように、『孫子』の本文を定めたのである。そのうえで、本文に対応する注を施し、前後の文脈が連続して意味を持つようにした。こうして曹操は、『孫子』の本文が持つ意味を深め、自身の解釈に合うような校勘をしながら、そこに自己の軍事思想を込めたのである。『孫子』は、これ以降、曹操が定めた本文を基本とした。

したがって、本書は、魏武注に基づき『孫子』を解釈し、『孫子』の本文を確定した。曹操の存在無くして、現行の『孫子』を考えることはできないからである。

『魏武注孫子』の特徴

『孫子』の軍事思想における第一の原則は、戦争の基本的性格を「詭道《きどう》」と捉えることにある（始計篇）。それに基づいて、敵に騙《だま》されず、敵を騙すように、「道・天・地・将・法」の五事《ごじ》と「君主の道徳、将の智能、天の時と地の利、法令、兵、士卒、賞罰」の七計《しちけい》を廟算《びょうさん》して勝ちを定めるべきである、とする。これが、『孫子』冒頭の始計篇が説く、戦争の基本的な性格である。

曹操は、『孫子』が戦争の基本的な性格とする「詭道」について、戦争には常なる形は無く、偽《いつわ》り欺《あざむ》くことを道とする、と注をつける。また、兵に常なる勢が無いことは、水に常形が無いことと同じである、とも注をつけている。前者の「道」を「常なる形が無」いとする理解は『史記』巻百三十　太史公自序《たいしこうじじょ》、後者の兵に「常なる勢」が無いとする理解は『淮南《えなん》子《じ》』兵略訓《へいりゃくくん》などに見える、黄老思想《こうろうしそう》を背景に持つ。曹操は、『孫子』に『老子』との深い関係性を見出し、それに寄り添った注を付けている。本文に寄り添うことは、曹操が生きた後《ご》漢《かん》「儒教国家《じゅきょうこっか》」の官学である儒教の訓詁学《くんこがく》に則った注の付け方である。ここでは、魏武注は、訓詁学の方法論に従って注をつけている、と評することができよう。

『孫子』の軍事思想における第二の原則は、具体的な戦闘を行わず、戦わないで勝つことを戦争の理想とすることにある（謀攻篇）。『孫子』は、「百戦百勝」するよりも、謀略により戦わずに、国を全うしながら従わせることを「上」とするのである。『孫子』が「百戦百勝」を目指すべき兵法書でありながら、それを最善としない哲学的背景も、黄老思想に求めることができる。ところが魏武注は、ここでは黄老的な『孫子』の解釈を行わない。曹操は、あくまで兵を用いて中心都市を攻め落とし、そののち国を丸ごと支配するのを「国を全くする」ことである、と解釈する。曹操は、中心都市を攻め落とさずに張繡《ちょうしゅう》の降服を受け、背《そむ》かれて長子の曹昂《そうこう》らを殺されている。そうした経験が曹操に、『孫子』本文の主張とは異なる注を付けさせていると考えてよい。

このように曹操は、『孫子』本文の主張と異なる内容の注を付け、また黄老という一つの思想により、『孫子』のすべてを把握することはない。魏晋《ぎしん》期には、曹操の側室の連れ子である何晏《かあん》の『論語集解《ろんごしっかい》』や、何晏が高く評価した王弼《おうひつ》の『老子注《ろうしちゅう》』のように、本文とは異なる自らの見解を述べる注が付けられていく。漢の訓詁学とは異なるこうした注の付け方の先駆を曹操に見ることができるのである。

『孫子』の軍事思想における第三の原則は、戦争を呪術《じゅじゅつ》から解放して、勝敗を廟算により予測できるよう合理的な基準を多く定めたことにある（九地篇）。兵を死地に追い込み、全力を尽くして戦わせることを述べる中で、『孫子』は、兵士たちに占いや迷信を信ずることを禁止すれば、死ぬまで心を他所《よそ》に奪われないと述べている。魏武注は、占いや迷信の言葉を禁止するのは、疑惑を無くす計である、と兵士たちが死ぬまで心を他所に奪われない理由を説明する。魏武注は、『孫子』が呪術や鬼神《きしん》から戦いを解放した合理性を継承している。

曹操は、済南国相《せいなんこくしょう》であったとき、呂《りょ》皇后の一族から前漢《ぜんかん》を守った劉章《りゅうしょう》（城陽景王《じょうようけいおう》）を祀《まつ》ることで赤眉《せきび》の乱の宗教的背景ともなった城陽景王信仰の祭壇を破壊しており、鬼神に祈ることから軍事を独立させた『孫子』の革新性には賛同していた。

以上のように、曹操は、『孫子』の哲学性を支える黄老思想に沿った注を付けた。こうした姿勢は、呪術や鬼神から戦争を解放した『孫子』の合理性を肯定する注にも見ることができる。その一方で、「国を全くする」ことへの注では、自らの戦いの経験に基づき、『孫子』の本文とは異なる解釈も見せている。そうした突出性は、全体の中で二ヵ所だけ、徐州《じょしゅう》に関わる戦役を具体的・実践的事例として掲げる注に典型的に現れる。それは、魏武注『孫子』が、曹操の現実での戦いを踏まえて書かれた注であることによる。徐州の呂布《りょふ》を滅ぼした事例を踏まえて曹操は、謀攻篇の本文が彼我の兵力差が十倍で城攻めができると述べることに対して、敵の将軍よりも優れていれば十倍もの兵力差は不要であるという。そして、二倍の兵力で下邳城《かひじょう》を包囲し、呂布を生け捕りにした事例を挙げる曹操は、自らの戦いを踏まえて実践的な注を著しており、ここにも魏武注の特徴を見ることができる。

『孫子』は、華々しい戦史、将軍の逸話、必勝の具体策といった物語性の強い内容は少なく、人間の集団の運動法則や外的環境からの影響などを哲学的に論ずることが多い。曹操の注も、こうした『孫子』の特徴に合わせているが、徐州の具体的な軍事行動に基づく解釈を展開する部分もあった。ただし、そうした部分は、魏武注には少ない。「変」を尊ぶ『孫子』の思想から言っても、あくまで具体的な戦役は一般化せず、その場に適合した対応をすべきである。

したがって、曹操は、それを可能とするために「軍令」を多用し、『兵書接要《へいしょせつよう》』を著している。曹操が著した『魏武注孫子』は、自らの軍事的な経験を背景としながらも、『孫子』の特徴に寄り添うことを原則とした注である。『孫子』が、長く『魏武注孫子』により読まれ続けた理由である。

『孫子』の諸本

現在に伝わる『孫子』の版本は、中国系では三種の南宋本《なんそう》を中心とする。第一は、静嘉堂《せいかどう》文庫《ぶんこ》が所蔵する光宗《こうそう》期（在位、一一八九～一一九四年）の「武経七書《ぶけいしちしょ》」に含まれる『孫子』である。ただし、これには注がなく、本書とは直接関係しない。第二は、上海博物館などが所蔵する寧宗《ねいそう》期（在位、一一九四〜一二二四年）の『十一家注孫子』である。後漢の曹操のほか、梁《りょう》の孟氏《もうし》、唐《とう》の李筌《りせん》・杜佑《とゆう》・杜牧《とぼく》・陳皥《ちんこう》・賈林《かりん》、宋《そう》の梅堯臣《ばいぎょうしん》・王皙《おうせき》・何延錫《かえんしゃく》・張預《ちょうよ》の十一家の注を附す。この系統の版本では、それぞれの注は、省略されることがあり、また杜佑のそれは『通典《つてん》』の一部なので注とみなさず、『十家注孫子』と称することもある。第三は、清《しん》の孫星衍《そんせいえん》（一七五三〜一八一八年）による覆刻《ふっこく》本が、嘉慶《かけい》五（一八〇〇）年の平津館《へいしんかん》叢書《そうしょ》に含まれることになった『魏武注孫子』で、孫星衍の原本は行方不明である。三種のうち最も誤りが少ないとされるが、魏武注の一部に省略がある。このほか孫星衍は、「道蔵《どうぞう》」に収められていた『孫子十家注』を綿密に校訂したうえで、嘉慶二（一七九七）年に岱南閣《たいなんかく》叢書《そうしょ》に収めて刊行している。日本では、平津館本『魏武帝注孫子』・岱南閣本『孫子十家注』を天保《てんぽう》四（一八三三）年に、江戸幕府の昌平坂《しょうへいざか》学問所が覆刻している。

　日本由来の版本としては、宋《そう》の吉天保《きってんほ》（編）『孫子集注（孫子十家注）』を寛文《かんぶん》九（一六六九）年に覆刻したものがある。一方、宝暦《ほうれき》十四（一七六四）年に刊行された肥前蓮池藩《ひぜんはすのいけはん》の岡《おか》白駒《はっく》（一六九二〜一七六七年）の校訂による『魏武帝注孫子』は、武帝注の単行本である。広く普及して入手しやすい本であるが、平田昌司によれば、室町時代の伝本に基づいているという。また、桜田本と呼ばれる『古文孫子《こぶんそんし》正文《せいぶん》』は、仙台藩士の桜田景迪《かげみち》が校正して訓点を施し、自著の「略解《りゃくかい》」を附して刊行したものである。伝承では、曹操以前の真本であるというが、合理的に読めるように字句を改めた比較的新しい本であると思われる。そうしたなか、京都大学附属図書館が所蔵する『孫子』古写本（魏武帝注孫子）は、朝廷の明経博士をつとめていた清原家に伝わった本である。永禄三（一五六〇）年の原写本から忠実に写されたもので、室町時代の訓点を伝える。本書は、これを底本として、以上に掲げた諸本により、校勘を加えた『全譯魏武註孫子』（汲古書院、二〇二三年）に基づいている。

参考文献

・金谷治『孫臏兵法』（東方書店、一九七六年）
『孫臏兵法』の全訳。解題（本の説明部分）にも重要な指摘が含まれる。
・浅野裕一『孫子』（講談社学術文庫、一九九七年）
「銀雀山漢簡」に基づく『孫子』の全訳。篇ごとの解説も貴重である。
・平田昌司『孫子　解答のない兵法』（岩波書店、二〇〇九年）
『孫子』の成立過程、日本での普及、海外への影響など、『孫子』に関わるさまざまな情報を得ることができる。
・渡邉義浩『孫子「兵法の真髄」を読む』（中公新書、二〇二二年）
『孫子』の成立過程、および魏武注の意義、そして『孫子』の特徴を論じた解説書。本書と併せて参照いただきたい。
・渡邉義浩（主編）『全譯魏武註孫子』（汲古書院、二〇二三年刊行予定）
魏武注『孫子』の全訳。最古の注である曹操の解釈に従って、『孫子』を全訳した。

曹操の生涯

曹操は、字を孟徳《もうとく》といい、豫州沛国譙県《よしゅうはいこくしょうけん》の人である。祖父の曹騰《そうとう》は、後漢《ごかん》の第十一代皇帝である桓帝《かんてい》擁立に功績があり、宦官《かんがん》でありながら、多くの人材を抜擢した。無名の曹操を評価し、その理想となる漢を代表する宰相の橋玄《きょうげん》を推挙した种暠《ちゅうこう》は、その一人である。父は、夏侯氏から養子に入ったとされる曹嵩《そうすう》で、後漢の宰相である三公《さんこう》の筆頭太尉《たいい》に至った。夏侯《かこう》惇《とん》と夏侯淵《かこうえん》という曹操を支え続けた二人の将軍は、父の実家の一族である。

一七四年、曹操は、二十歳で孝廉《こうれん》（官僚を登用する郷挙里選《きょうきょりせん》の中核となる科目）に推挙されて郎《ろう》となり、洛陽北部尉《らくようほくぶい》（首都洛陽の警察長官）に任ぜられ、宦官の係累であっても処刑する「猛《もう》」政《せい》で名声を得た。一八四年、黄巾《こうきん》の乱が起こると騎都尉《きとい》（騎兵の指揮官）になり、潁川《えいせん》郡の黄巾を討伐して、済南国相《せいなんこくしょう》（済南国の行政長官）に昇進した。

一八八年、後漢の第十二代皇帝である霊帝《れいてい》が新設した、西園八校尉《せいえんはちこうい》の一つ典軍校尉《てんぐんこうい》に就任したが、翌年、董卓《とうたく》が献帝《けんてい》を擁立して政権を壟断すると、陳留《ちんりゅう》郡で挙兵する。一九〇年、反董卓連盟において曹操は、「四世三公」の名門出身で盟主となった袁紹《えんしょう》から、行奮武将軍《こうふんぶしょうぐん》（行は仮という意味）に推薦された。かつて橋玄の紹介により、許劭《きょしょう》に「乱世の姦雄」という人物評価を受けていた曹操は、何顒《かぎょう》を中心とする名士グループで、袁紹・荀彧《じゅんいく》・許攸《きょゆう》らと交友していた。袁紹とは、旧友であり、ライバルでもあった。

袁紹が董卓と戦わない中、曹操は洛陽への進撃を唱えたが、滎陽《けいよう》の戦いで、董卓の中郎《ちゅうろう》将《しょう》の徐栄《じょえい》に敗れた。それでも、漢の復興のために董卓と戦ったことは、のちに献帝を擁立する正統性を支え、漢の護持を願う名士に曹操の存在を知らしめた。

河北《かほく》を制圧していく袁紹を見て、曹操は黄巾の盛んな河南《かなん》に出る。一九二年、兗州牧《えんしゅうぼく》となると、青州《せいしゅう》黄巾を破って、兵三十万・民百万を帰順させた。これを編成したものが、曹操の軍事的基盤となった青州兵である。このころ、旧友で「王佐の才」と評価される荀彧が加入する。曹操は、「わが子房《しぼう》（前漢の劉邦を支えた張良）を得た」と言って喜んだ。

名士本流の荀彧が、袁紹を見限り曹操に仕えたことにより、多くの名士が集団に参入し、曹操は順調に勢力を拡大した。それを嫌った袁紹の弟である袁術《えんじゅつ》の侵入に反撃すると、袁術派であった徐州牧《じょしゅうぼく》の陶謙《とうけん》は、曹操の父を殺して報復する。兄でありながら妾の子のため伯父の家を嗣がされていた袁紹と弟であるが嫡妻の子である袁術とは対立していた。二人は、公《こう》孫瓚《そんさん》・陶謙・孫策《そんさく》の袁術派と曹操・劉《りゅう》表《ひょう》の袁紹派とに分かれて抗争する。親を殺された曹操は、徐州において民を含めた大虐殺を行い、名士に失望される。焦った曹操が虐殺を批判した兗州名士の辺譲《へんじょう》を殺害すると、陳宮《ちんきゅう》と張邈《ちょうばく》が呂布《りょふ》を招き、曹操に敵対して兗州をほぼ制圧した。

荀彧は、程昱《ていいく》・夏侯惇《かこうとん》と共に拠点を死守した。一年余りをかけて兗州を回復した曹操に、荀彧が正統性の回復策として献帝の擁立を主張する。一九六年、献帝を迎えた曹操は、名士の支持を次第に回復する。さらに荀彧は、兗州にあった拠点を豫州の潁川郡許県《きょけん》に移すことを勧める。曹操は、許に都を置くと共に、周辺で屯田制《とんでんせい》を始めた。軍隊ではなく、一般の農民に土地を与える民屯《みんとん》は、隋唐《ずいとう》の均田制《きんでんせい》の源流となる。また、戸ごとに布を調《ちょう》として取る税制は、租庸調制《そようちょうせい》の源流となっていく。

　こうして曹操は、軍事的基盤の青州兵、経済的基盤の屯田制、政治的正統性となる献帝を有し、河南の豫州・兗州を支配して、袁紹と全面的に戦い得る態勢を整えた。

　二〇〇年の官渡《かんと》の戦いでは、降服してきた旧友の許攸が立てた烏巣《うそう》急襲策を採用して勝利を収めた。ただし、その勝利は、許で献帝を守り、兵糧を供給し、名士間のネットワークを活用して袁紹陣営の情報を収集・分析した荀彧の功績に大きく依存する。この時期、曹操と荀彧は、志を共にしていた。二〇二年に袁紹が病死すると、曹操は袁譚・袁尚という袁紹の子たちを追い詰め、それに味方をしていた烏桓に遠征して、二〇七年には華北を統一した。

　ところが、二〇八年、曹操は、孫権《そんけん》の武将である周瑜《しゅうゆ》とそれを助けた劉備《りゅうび》に赤壁《せきへき》の戦いで敗れる。すでに五十三歳になっていた曹操は、中国の統一より、君主権力の強化と後漢に代わる曹魏《そうぎ》の建国を優先する。これにより、儒教を学ぶことで「聖漢の大一統《だいいっとう》（中国統一）」を至上の価値と考えていた荀彧と、曹操との関係は悪化する。董昭《とうしょう》から曹操を魏公《ぎこう》に推薦する相談を受けた荀彧が、儒教理念を掲げてこれを非難すると、両者の対立は決定的となった。二一二年、孫権討伐の途上、曹操は荀彧を死に追い込む。

　曹操は、名士の価値観として絶対的な優位を持つ儒教が漢を正統化していたことを嫌い、儒教の価値の相対化を目指した。儒教とは異なる価値観を尊重することで、儒教に圧力をかけていく。荀彧を死に追いやった二年前、曹操はすでに人材登用の方針として、儒教の登用方針とは異なる唯才《ゆいさい》主義を掲げていた。さらに曹操は「文学」を宣揚する。曹操のサロンから発展した建安文学《けんあんぶんがく》は、中国史上初の本格的な文学活動となった。曹操は、五官将文学《ごかんしょうぶんがく》など「文学」を冠する官職を創設し、また文学の才能を基準に人事を行った。さらに、文学の才に秀でた曹植《そうち》を寵愛し、一時は後継者に擬することもあった。文学は、こうして儒教とは異なる新たな価値として、国家的に宣揚された。曹操の著した楽府《がふ》（音楽をつけて歌う詩）は、自らの正統性を奏でる手段であった。

荀彧を殺した翌（二一三）年、曹操は魏公《ぎこう》に封建され、九錫《きゅうせき》（天子に匹敵する九種の礼）を受けた。魏公国の社稷《しゃしょく》と宗廟《そうびょう》を建て、二人の娘を献帝の夫人とした曹操は、二一四年に献帝の伏皇后《ふくこうごう》を廃位し、伏皇后の二子も酖殺《ちんさつ》する。二一五年、娘の曹節《そうせつ》を献帝の皇后に立てると、二一六年に魏王《ぎおう》の位に即く。

二二〇年一月、魏王曹操は、洛陽で薨去《こうきょ》すると、高陵《こうりょう》（西高穴二号墓として発掘された）に葬られた。同年、子の曹丕《そうひ》が献帝より禅譲を受けて、魏を建国する。

曹操は、儒教一尊であった後漢の価値基準を打破して、多くの文化に価値を見出した。『孫子』に注を付けたほか、多くの兵法書から有用な文章を抜き出して『兵書接要』を著し、部下に共有させて自らの兵法研究の成果を共有させた。さらに、戦いの際には「軍令」を発布して具体的な戦法を指示した。そのほかにも、文学を人事基準にすることを試み、新しく作った楽府を管弦にのせて唱和させた。また、草書と囲碁《いご》を得意とし、五斗米道《ごとべいどう》に興味を抱き、養生《ようせい》の法を好み、方術の士を招いた。

曹操の存在の故に、三国時代は歴史の転換点となった。政治的には、四百年の統一国家である漢が崩壊し、三百七十年に及ぶ魏晋南北朝《ぎしんなんぼくちょう》の分裂の中で、名士を母体とする貴族が支配階級となる。経済的には、隋唐律令体制《ずいとうりつりょうたいせい》に結実する屯田制などの土地制度や税制度が整備される。文化的には、儒教一尊は崩壊し、仏教・道教が盛んとなり、文学・書画が新たな価値として定着していく。これらはすべて曹操に源を発するのである。

年　表

春秋（前七七〇～前四〇三年）
前五一四年　呉《ご》王の闔閭《こうりょ》即位（～前四九六年）。孫武《そんぶ》が仕える。
前五〇六年　柏挙《はくきょ》の戦い。孫武が楚《そ》の昭王《しょうおう》を破る。
戦国（前四〇三～前二二一年）
前三五六年　斉《せい》の威《い》王《おう》即位（～前三二〇年）。孫臏が仕える。
前三四二年　馬陵《ばりょう》の戦い。孫臏が魏の将軍である龐涓《ほうけん》を破る。
前漢（前二〇二～八年）
前一三四～前一一八年　『孫子』十三篇、『孫臏兵法』を含む「斉孫子」が埋葬され銀雀山漢墓群が造営される（「斉孫子」の発見は、一九七二年）。
後漢（二五～二二〇年）
二五　光武《こうぶ》帝《てい》劉《りゅう》秀《しゅう》、後漢を建国。
一八四　黄巾《こうきん》の乱が起きる。
一九〇　袁紹《えんしょう》を盟主に反董卓《とうたく》同盟結成、董卓は長安に遷都。
一九二　呂布《りょふ》、董卓を暗殺。
一九四　劉備、徐州《じょしゅう》を得る。
一九六　曹操、献帝《けんてい》を迎える（八月）。

一九八　呂布、劉備を破り、劉備は曹操の下へ。曹操、下邳《かひ》の戦いで呂布を滅ぼす。
二〇〇　白馬《はくば》・官渡《かんと》の戦いで、曹操が袁紹を破る。孫策《そんさく》、暗殺され、孫権が後を継ぐ。
二〇六　曹操、烏桓《うがん》遠征を行い、烏桓突騎《とっき》（強力な騎兵）を支配下に置く。
二〇七　曹操、華北《かほく》統一（袁氏滅亡）。劉備、三顧《さんこ》の礼で諸葛亮を迎える。
二〇八　赤壁《せきへき》の戦いで、孫権の武将周瑜《しゅうゆ》が劉備と同盟し、曹操を破る。
二一一　曹操、潼関《どうかん》の戦いで韓遂と馬超を破る。
二一四　諸葛亮、張飛《ちょうひ》・趙雲《ちょううん》を率いて入蜀、成都《せいと》を落とす。
二一九　劉備、曹操を関中《かんちゅう》に破り、漢中王《かんちゅうおう》となる。関羽敗退。

三国（二二〇～二八〇年）

二二〇　曹操死去、子の曹丕《そうひ》、献帝より禅譲《ぜんじょう》を受けて魏（曹魏）を建国。
二二一　劉備、即位して季漢《きかん》（蜀漢）、諸葛亮を丞相《じょうしょう》に。
二二二　劉備、関羽の仇討ちに行き、夷陵《いりょう》の戦いで陸遜《りくそん》に敗れる。
二二三　劉備、崩御。子の劉禅《りゅうぜん》を諸葛亮に託す。
二二七　諸葛亮、「出師《すいし》の表」を出して、第一次北伐に赴く。
二二八　諸葛亮、街亭《がいてい》の戦いに敗れ、泣いて馬謖を斬る。
二二九　孫権、即位して呉（孫呉）を建国。
二三四　諸葛亮、第五次北伐中に五丈原《ごじょうげん》の戦い中に陣没。
二三九　倭の女王卑弥呼《ひみこ》、魏に貢ぎ物を献上し、親魏倭王《しんぎわおう》に封建される。

二四九　司馬懿《しばい》（仲達）、正始《せいし》の政変で曹爽《そうそう》を殺し、魏の実権を掌握。
二五八　司馬昭《しばしょう》（司馬懿の子）、諸葛誕《しょかったん》を滅ぼす。
二六三　司馬昭、鄧艾《とうがい》・鍾会《しょうかい》を派遣して蜀漢を滅ぼす。
二六五　司馬炎《しばえん》（司馬昭の子）、曹魏を滅ぼして、晋《しん》（西晋）を建国。
二八〇　司馬炎、孫呉を滅ぼして、三国を統一。

KODANSHA

本書は訳し下ろしです。

渡邉義浩（わたなべ　よしひろ）

1962年，東京都生まれ。筑波大学大学院博士課程歴史・人類学研究科史学専攻修了。現在，早稲田大学理事・文学学術院教授。三国志学会副会長事務局長。専攻は中国古代史。文学博士。著書に，『儒教と中国　「二千年の正統思想」の起源』『「三国志」の政治と思想　史実の英雄たち』『孫子』『「古典中國」の形成と王莽』，訳書に『全譯　後漢書（全19冊）』など多数。

講談社学術文庫

定価はカバーに表示してあります。

魏《ぎ》武《ぶ》注《ちゅう》孫《そん》子《し》

曹《そう》操《そう》

渡邉義浩《わたなべよしひろ》　訳

2023年９月７日　第１刷発行
2024年10月４日　第３刷発行

発行者　篠木和久
発行所　株式会社講談社
東京都文京区音羽 2-12-21 〒112-8001
電話　編集（03）5395-3512
販売（03）5395-5817
業務（03）5395-3615

装　幀　蟹江征治
印　刷　株式会社広済堂ネクスト
製　本　株式会社国宝社
本文データ制作　講談社デジタル製作

ISBN978-4-06-532924-5

「講談社学術文庫」の刊行に当たって

これは、学術をポケットに入れることをモットーとして生まれた文庫である。学術は少年の心を養い、成年の心を満たす。その学術がポケットにはいる形で、万人のものになることは、生涯教育をうたう現代の理想である。

こうした考え方は、学術を巨大な城のように見る世間の常識に反するかもしれない。また、一部の人たちからは、学術の権威をおとすものと非難されるかもしれない。しかし、それはいずれも学術の新しい在り方を解しないものといわざるをえない。

学術は、まず魔術への挑戦から始まった。やがて、いわゆる常識をつぎつぎに改めていった。学術の権威は、幾百年、幾千年にわたる、苦しい戦いの成果である。こうしてきずきあげられた城が、一見して近づきがたいものにうつるのは、そのためである。しかし、学術の権威を、その形の上だけで判断してはならない。その生成のあとをかえりみれば、その根は常に人々の生活の中にあった。学術が大きな力たりうるのはそのためであって、生活をはなれた学術は、どこにもない。

開かれた社会といわれる現代にとって、これはまったく自明である。生活と学術との間に、もし距離があるとすれば、何をおいてもこれを埋めねばならない。もしこの距離が形の上の迷信からきているとすれば、その迷信をうち破らねばならぬ。

学術文庫は、内外の迷信を打破し、学術のために新しい天地をひらく意図をもって生まれた。文庫という小さい形と、学術という壮大な城とが、完全に両立するためには、なおいくらかの時を必要とするであろう。しかし、学術をポケットにした社会が、人間の生活にとってより豊かな社会であることは、たしかである。そうした社会の実現のために、文庫の世界に新しいジャンルを加えることができれば幸いである。

一九七六年六月

野間省一